Karl Ruß

Der Kanarienvogel

Verone

Karl Ruß

Der Kanarienvogel

1st Edition | ISBN: 978-9-92500-027-2

Place of Publication: Nikosia, Cyprus

Erscheinungsjahr: 2015

TP Verone Publishing House Ltd.

Beschreibung des Kanarienvogels.

Der Kanarienvogel

Seine Naturgeschichte, Pflege und Zucht

von

[Unterschrift]

Elfte Auflage

Mit 3 Farbendrucktafeln und zahlreichen Textbildern

Bearbeitet und herausgegeben

von

R. Hoffschildt-Berlin

I.

1. Der wilde Kanarienvogel. 2. Der gemeine deutsche Kanarienvogel. 3. Der Harzer Kanarienvogel oder Hohlroller.

Vorwort zur IX. Auflage.

Es ist wohl nicht auffallend, daß der Kanarienvogel, als ein allbeliebtes, allverbreitetes Haustier, bereits außerordentlich viele Darstellungen, in den Naturgeschichten, in Zeitschriften und in unzähligen selbständigen kleinen Büchern gefunden hat. Auf die älteren und ältesten derselben stützt sich zum Teil meine Schilderung; über die neueren und neuesten muß ich mir einige Bemerkungen erlauben. Für die beiden ersten Ausgaben meines „Kanarienvogel" hatte ich jedes Hand- und Lehrbuch der Vogelkunde, sowie der Vogelliebhaberei und jede Zeitschrift auf diesem Gebiet sorgfältig zu Rate gezogen; schon bei der dritten Auflage konnte es aber nicht mehr in derselben Weise geschehen. Die Pflege und Zucht, namentlich aber die Kenntnis des Gesanges und aller Eigentümlichkeiten des Kanarienvogels, bilden zusammen in neuerer Zeit einen Wissensstoff, dessen gründliches Studium nicht mehr jedermann zugänglich ist, dessen sachgemäße Sichtung vielmehr großer Umsicht bedarf. Bedenkt man, daß wir auf dem Gebiet der Liebhaberei für Stubenvögel eine beträchtliche Reihe von Zeitschriften haben, deren jede auch die Kanarienvogelliebhaberei und -Zucht in den Bereich ihrer Darstellungen zieht, so wird es wohl erklärlich sein, daß außerordentlich viele tüchtige und gediegene, leider auch recht viele wertlose Mitteilungen gebracht werden. Da es hier gilt, ein Handbuch zu bieten, welches dem Anfänger in ausreichender Weise Rat und Auskunft gewähren, zugleich aber auch den Kenner befriedigen soll, so mußte, nächst den eigenen Kenntnissen und Erfahrungen, auch aus der Fülle des überhaupt vorhandenen Stoffs alles Notwendige entnommen, alles Überflüssige jedoch fortgelassen und namentlich alles Unrichtige vermieden werden.

In der Überzeugung, daß die Kanarienvogelzucht eine noch viel weitere Verbreitung, als sie zu Anfang des vorigen Jahrzehnts hatte, gewinnen könne und müsse, daß sie namentlich als Erwerbsquelle für weniger bemittelte Leute große Beachtung verdiene, gab ich diese Schrift (erste Auflage i. J. 1872) heraus. Meine Hoffnung hat sich seitdem in überraschender Weise erfüllt. Durch günstige Zeitverhältnisse gehoben, zugleich aber auch durch den Einfluß meiner Zeitschrift für Vogelliebhaber

„Die gefiederte Welt"

und insbesondere durch die gediegenen Abhandlungen des Herrn Kontrolleur W. Böcker, neuerdings des

Herrn Musikdirektor W. Kluhs, sowie anderer Kenner in derselben kräftig gefördert, hat die Kanarienvogelzucht einen solchen Aufschwung genommen, daß sie in Deutschland eine volkswirtschaftliche Bedeutung erlangt hat.

Von diesem Gesichtspunkt aus habe ich dem Harzer Kanarienvogel und seiner Pflege und Zucht vorzugsweise Aufmerksamkeit zugewandt und mit meinen Anleitungen auch die Ratschläge aller hervorragenden Kenner und Züchter hier vereinigt.

In der dritten Auflage hatte ich eine eingehende Schilderung der Holländer Kanarienrasse und eine Darstellung der englischen Farbenvögel (auch der durch Fütterung mit Kayennepfeffer orangerot gefärbten Kanarien) als neu angefügt. In der vierten Auflage brachte ich die ersten Mitteilungen über sprechende Kanarienvögel; sodann aber wurde der Abschnitt über die Krankheiten auf Grund der in den letzten Jahren gewonnenen neuen Erfahrungen und der von Herrn Professor Dr. Zürn angestellten Forschungen („Die Krankheiten des Hausgeflügels") entsprechend ausgebaut, sodaß er wohl alles bietet, was sich bis jetzt über die Krankheiten des Kanarienvogels anführen läßt. Eine bedeutsame neue Erfahrung konnte ich in der fünften Auflage bringen in der Mitteilung des Herrn Goldarbeiter Götschke inbetreff der Heilung junger Kanarienvögel von der „Schweißsucht". Sodann

konnte ich ausführlichere Angaben über das Frei=
leben des Wildlings nach den Beobachtungen, welche
Herr Ernst Böcker auf Teneriffa gemacht und die
er in meiner obengenannten Zeitschrift veröffentlicht
hat, einreihen.

In der sechsten Auflage wurden die Angaben
über das Frei= und Gefangenleben des Wild=
lings wiederum bedeutend erweitert, vornehmlich
nach Berichten des Herrn Lehrer W. Hartwig in
Berlin, der über den Kanarienvogel, besonders auf
Madeira, interessante, naturgeschichtliche Mitteilungen
in der „Gefiederten Welt" gemacht hat.

Von großem Wert dürfte sodann die übersicht=
liche Darstellung des Kanariengesangs nach den
Aussprüchen der hervorragendsten Kenner und be=
sonders nach der eigenen fachmännischen Kenntnis
seitens des Herrn Musikdirektor W. Kluhs sein.
In derselben ist der Gesang des Harzer Kanarien=
vogels zum ersten Mal vorzugsweise von musikalisch=
wissenschaftlichen Gesichtspunkten aus allverständlich
behandelt worden.

In letzterer Zeit hat die Liebhaberei für den
deutschen Kanarienvogel im allgemeinen und für den
Harzer Sänger insbesondere auch in England [Ruß=
land und Amerika] eine weit größere Verbreitung
gefunden, und offenbar geht sie einer solchen noch
sehr regsam entgegen, während bis dahin in Eng=

land vorwaltend die mannigfachen Rassen der Farbenkanarien beliebt waren.

Mein Buch „Der Kanarienvogel" erschien denn seitdem auch in englischer Ausgabe und zwar in Übertragung der sechsten Auflage, im Verlag von Dean & Son in London. Indem ich darüber meine Freude ausspreche, kann ich es nicht unterlassen darauf hinzuweisen, daß es doch wünschenswert wäre, wenn die Farbenkanarien, vornehmlich die schöneren Rassen, wie die Lizards, die verschiedenen Norwich-, Yorkshire- u. a., sodann auch die Holländer Vögel, besonders die stattlichen Pariser Trompeter, in Deutschland mehr zur Geltung bei den Züchtern gelangen möchten. Von diesem Wunsch ausgehend, haben wir eben die Abbildungen derselben diesem Buch beigegeben.

So glaube ich behaupten zu dürfen, daß mein Buch in jeder Hinsicht auf der Höhe der Zeit steht und als der sicherste Ratgeber für die ebenso angenehme wie erfolgreiche und einträgliche Haltung, Verpflegung und Zucht dieses Vogels in allen seinen Rassen betrachtet werden kann.

Die siebente, achte und neunte Auflage sind auf den Wunsch der Verlagsbuchhandlung erschienene unveränderte Abdrücke der sechsten. Mein „Kanarienvogel" ist damit seit zweiundzwanzig Jahren in 27 000 Exemplaren herausgekommen. So sind die achte und neunte Auflage gleichzeitig gedruckt worden, damit das viel und gern gekaufte Buch niemals auf dem Büchermarkt fehlen solle.

Möchte das kleine Hand- und Lehrbuch auch ferner gute Dienste leisten!

Berlin, im Frühjahr 1894.

Dr. **Karl Ruß**.

Vorwort zur X. Auflage.

Dem Verfasser des „Kanarienvogels", Dr. Karl Ruß, war es nicht mehr vergönnt, diese Ausgabe, die zehnte seines weitverbreiteten Buches, selbst zu besorgen.

Die Bedeutung des Werkchens liegt nicht nur darin, daß es dem Anfänger wie dem Sportzüchter eine Quelle der Belehrung und guten Ratschläge ist, nein, das Buch hat bei seiner großen Verbreitung, bis jetzt in 30 000 Exemplaren, nicht wenig dazu beigetragen, die Kanarienzucht zu dem zu machen, was sie jetzt ist, ihr zu einer volkswirtschaftlichen Bedeutung zu verhelfen. Sein Erscheinen bildet einen Markstein in der Geschichte der Kanarienvogelzüchtung.

Der ehrenvolle Auftrag der Creutz'schen Verlagsbuchhandlung, ein solches Buch neu herauszugeben und es dem jetzigen Stand der Kanarienzucht gemäß zu bearbeiten, wurde gern übernommen.

In der Bearbeitung des Textes wie in der Anordnung desselben wurde nach möglichster Vereinfachung und Klarheit gestrebt. Alles Überflüssige wurde beseitigt. Die Abschnitte über den Gesang und die Züchtung wurden einer gründlichen Umarbeitung unterzogen, ohne daß die anderen Abschnitte vernachlässigt wurden.

Auch die Verlagsbuchhandlung hat das ihrige getan und Mittel zu reicher Illustrierung zur Verfügung gestellt. So wurde denn die Zahl der Textillustrationen bedeutend vermehrt, während die in den bisherigen Auflagen in Schwarzdruck dargestellten Typen der Kanarienvogelrassen uns jetzt auf drei in Farbendruck ausgeführten Tafeln in ihren natürlichen Farben vorgeführt werden.

Möge auch diese zehnte Auflage dazu beitragen, unserer schönen Liebhaberei neue Freunde zu werben, möge sie der Kanarienvogelzucht zu weiterer Ausbreitung und weiteren Erfolgen verhelfen.

Berlin, im Herbst 1901.

R. Hoffschildt.

Vorwort zur XI. Auflage.

Auch die zehnte Auflage des von Dr. Ruß verfaßten Buches, "Der Kanarienvogel", hat nach seiner Neubearbeitung den Freunden des Kanarienvogels gute Dienste geleistet. Bei der Bearbeitung der vorliegenden elften Auflage dieses Werkchens ist besonders darauf Rücksicht genommen, daß dasselbe nicht nur für den Anfänger in der Kanarienzüchtung, sondern auch für den Sportzüchter ein zuverlässiger Wegweiser sein soll. Auch die Umarbeitung der elften Auflage wurde uns von der Creutz'schen Verlagsbuchhandlung übertragen. Wenn bei der zehnten Auflage versucht wurde, möglichste Klarheit über den Stand der Kanarienzüchtung zu schaffen, so hat es sich jetzt doch gezeigt, daß die Kanarienzüchtung weitere Fortschritte gemacht hat, denen bei Herausgabe einer neuen Auflage Rechnung getragen werden mußte.

Die von der Verlagsbuchhandlung unter nicht unbedeutenden Opfern beigegebenen Illustrationen haben allgemeinen Beifall gefunden. Zum Schlusse habe ich einen Anhang beigefügt, in welchem für jeden Monat die Arbeiten des Kanarienzüchters aufgeführt sind.

Möge diese elfte Auflage unserer Liebhaberei weitere Freunde zuführen.

Berlin, im Herbst 1905.

R. Hoffschildt.

Inhalt.

	Seite
Vorwort zur IX. Auflage	III
Vorwort zur X. Auflage	VIII
Vorwort zur XI. Auflage	X
Verzeichnis der Abbildungen	XV
Bedeutung des Kanarienvogels	1
Der wilde Kanarienvogel	1

Geschichtliches 2; der wilde Kanarienvogel 8; wissenschaftliche Beschreibung des Männchens 8; Vaterland und Aufenthalt 10; Fortpflanzung (Nest, Ei und Brutentwicklung) 12; Gesang 14; Nahrung 17; Fang 18; Zucht auf den Inseln 20; Gefangenleben 22; Preis 23; Einführung bei uns (Verwechslung mit anderen Finken) 24.

Der zahme Kanarienvogel	25
I. Die deutsche Rasse	26

1. Der gemeine deutsche Kanarienvogel 26 (Farbenvögel) a Hochgelbe oder Goldgelbe, b. Strohgelbe, c. Weiße 26; d. Isabellfarbene, Elberne oder Elbfarbige, e. Graugrüne, Glattköpfe und Gehäubte (Geschopfte, Gekrönte und Tollige), Mannigfaltige Unterrassen 27; a. Gescheckte [Gelb-, Blaß-, Isabellschecken, Getigerte, Einflügel, Halbschwalben], b. Plättchen [Mückchen, Grau-, Grün-, Braun- und Schwarzplättchen], c. Grau-, Grün-, Braun- und Schwarzgehäubte 28; d. Schwalben [Grau-, Grün-, Schwarz-, Isabell- und Flügelschwalben]; Kakerlaken und Albinos, Rotäugige 29).

2. Der Sänger oder edle Kanarienvogel 29; Gestalt und Farbe 29. — Gesang (Allgemeines) 30; Die Lehre vom Kanariengesang; Einteilung der Sänger 31; übersichtliche Darstellung des Gesangs, Hohlrolle 37; [Hohlklingel, Knorre] 38, Klingel 39; Klingelrolle, Koller, Wasserrolle 41; Glucke; Pfeifen, Schwirre 41; Fehler im Kanariengesang 42; Schnatter, Aufzug 43; Ringkampf mit der Mode 43; sog. „Beiwörter", verloren gegangene Touren 44; [was wird von einem guten Sänger verlangt, was darf er nicht vortragen] 45 ff.).

II. Die holländischen Rassen	47

Allgemeines 47. — Unterrassen der Holländer Vögel: 1. Die eigentlichen Holländer (Pariser Trompeter,

Frisé von Roubaix, Münchener, Wiener, Schweizer Holländer, Bossu 49; Züchtbarkeit dieser Vögel 49. — Der belgische Kanarienvogel (Serin belge, Belgian Canary, Postuur vogels, groote gentsche vogels 51; [Serin des Malines] 49; der Holländer K. (Serin hollandais, Serin frisé [Trompeter, Pietinards] nach L. van der Snickt 53.

III. Die englischen Farbenkanarienvögel . . . 54

Norwich-Vogel (reingelber N. [Clear yellow natural Norwich] 56; Rein dunkelgelber N. [Clear yellow Norwich], rein=, aber hellgelber N. [Clear buff Norwich], Gleichmäßig gezeichneter hellgelber N. [Evenly marked buff Norwich], Gehäubter N. [Crested Norwich, Variegated crested buff 57; Variegated crested yellow Norwich] u. a. Abänderungen) 57. — Riesenkanarienvogel von Manchester oder die Lancashire-Rasse [Manchester Coppy] 58. — Yorkshire-Rasse [Reingelber, Hochgelber und Reingrüner Vogel (Clear yellow, Clear buff and Green Yorkshire 59. — Der schottische Kanarienvogel (Scotch Fancy, Glasgow Don) 60. — Londoner Rasse [London Fancy] 61. — Border Fancy 62. — Zimmtbraune Kanarien (hellbräunlich zimmtfarbener Vogel [Buff Cinnamon], dunkelbräunlich zimmtfarbener Vogel [Jonque Cinnamon]) 62. — Eidechsenartig gestreifte Kanarien oder Lizards (Goldlizard [Goldenspangled Lizard], Silber=Lizard [Silver-spangled Lizard] 60. — Mehlfarbene Kanarien [Mealy] 64. — Pflege und Zucht (Fütterung mit Kayennepfeffer) 64.

Handel 65

Absatz und Bedarf (Ausfuhr) 65. — Einkauf: gemeiner Kanarienvögel (Farbenvögel); Holländer Kanarien; englische Farbenkanarien 68; edler Kanarienvogel (Einkauf seitens der Händler [„Abhören", „Sortierer", „Ausstecker", „Schimmelvögel"] 69, Einkauf eines edlen Kanarienvogels seitens eines Liebhabers [Empfang und Behandlung] 72, Preise 75. — Versendung: Versandtkäfige und ihre Einrichtung 76; „Wert=", „Einschreibe=" und „dringende" Sendungen 82.

Wohnungen 83

Käfig (allgemeine Bedingungen, K. für den einzelnen Vogel [Größenverhältnisse, Geflecht, Sitzstangen, Tür, Schublade, Futter= und Trinknäpfe, Badestübchen, Anstrich, Farbe] 84. — Vogelstube (Bevölkerung 86; allgemeine Bedingungen (Lage u. a.); Gitter vor dem Fenster, Schutz gegen Entkommen und Zugluft 88; Innere Ausstattung [Badegefäß, Futter= und Trinkgefäße, Sitzstangen, Nester] 89. — Heckkäfige (Kanarien-Heckbauer, Heckbauer für Holländer-Rassen, Farbenvögel überhaupt und Mischlinge [Einzel= oder Einwurfkäfige, Kistenkäfige] 93. — Nistvorrichtungen (Nester, kleine Blumentöpfe, Holzkästchen, Harzer Nestbauerchen 95; N. für holländische K. 97). — Stoffe zum Nestbau 98.

XIII

Verpflegung . . . . Seite 99

Fütterung: für den deutschen Kanarienvogel 99; für die holländischen und englischen K.; für den einzelnen Sänger und für die Weibchen außer der Nistzeit; für edle Kanarienvögel 100. — Fütterung in der Hecke: für die gemeinen deutschen K., für den edlen K. (Ausschließlich aller fremden Samen [Mohn-, Kanarien-, Hanfsamen] 101; Sommerrübsen, Eifutter [hartgekochtes Ei in der Schale, gemischtes Eifutter, Eierbrot] 102, Eier-Zerkleinerungsmaschine 103, Maizena-Biskuit 104, Löffel- oder Kinder-Biskuit, Zeit- und Gabenverhältnis der Eifütterung, Zugaben, mehrerlei Sämereien 105. — Die Futterstoffe für alle Kanarienvögel: Sommerrübsen 105; Kanariensamen, Hanfsamen, Mohnsamen 107; Hafer, Grünkraut, Sepia (Sepienschale oder Tintenfischbein) 108; Eifutter (Ei und Weizenbrot) 109, Eierbrot, Maizena-Biskuit, Zwieback 110. — Trink- und Badewasser 111. — Wärme (Edler, gemeiner deutscher K.) 112. — Gesundheitspflege (Kalkhaltige Stoffe, Sepienschale, zerstoßene Eischalen, Sand; Reinhaltung des einzelnen Vogels und der Vogelstube oder fliegenden Hecke; Baden; üble Einflüsse) 113. — Ungeziefer (Milben oder Vogelläuse) 114. — Mäuse 116.

Zucht 117

Die verschiedenen Heckarten (die Zimmer- oder Käfigflughecke 117, die Käfighecke 119, Abteilungshecke 120, Einzelhecke 121).

Auswahl der Zuchtvögel und Behandlung derselben: Regeln für die Züchtung eines guten „Stammes", Inzucht 122; Auswahl der Heckvögel zur Züchtung edler K. [„Schiertrompet"] 123; zur Züchtung von Farbenvögeln [„Durchzucht", „Ausstich"] 125; zur Züchtung gehäubter Vögel [„Grünschnäbel"] 127. — Ausrüstung der K. zur Brut (Verpflegung, Zähmung, vorherige Parung) 128. — Zeit des „Einwurfs" 130. — Vielweiberei oder Pärchen 130. — Nisten: Gelege, Brutdauer, Entwicklung der Jungen 131. — Nest Benutzung eines Nests von zwei Weibchen 132; Einschreiten des Züchters dagegen [Herausnehmen der Eier vermittelst Hornlöffelchens oder Eierzange], Gelege, Brutdauer; Entwicklung der Jungen 133. — Überwachung der Bruten (Unverträglichkeit der Heckvögel unter einander 133; Nesterzerstören, Eierfressen, Töten der Jungen, eigentliche Überwachung des Geleges, Nichtfüttern, Federnausrupfen und Zerbeißen der Füße oder Schnäbel der Jungen seitens der Weibchen 134; Zuchttabelle 135; Behütung der Heckvögel vor Zerstreuungen) 136. — Störungen (Erschrecken und Beängstigen der Heckvögel) 136. — (Künsteleien: Fortnehmen der Eier jedesmal nach dem Legen (Elfenbein- oder hölzernes Ei] und Untersuchen derselben) 138. — Pflegemütter, Aufpäppeln 139. — Flügge Junge: Erkranken und Sterben der Jungen, wenn sie von den Alten kein Futter mehr erhalten 140; Herausfangen der Jungen, Unterbringung und Behandlung derselben, Mauser der Jungen 141. — Erkennung der Geschlechter [„Brennen"; „Schönfärber„; „Studieren"] 142. — Alterskennzeichen [„Stolpen" oder

XIV

Seite

„Stulpen"] 145. — Dauer der Heckzeit; alljährliches Nisten. — Ertrag der Brut 146. — Überwinterung der Zuchtvögel (Männchen, Weibchen der edlen, der gemeinen Teutschen und der Holländer K.) 147.

Die Ausbildung der Jungen 149

„Vorschläger" [„Dichten", „Studieren"] 149; Gesangskasten [akustischer], Gesangsspind 151; „Verdunkeln" [„Verhängen", „Verdecken"] 154; frühes Trennen der Jungen von den Vorschlägern und Leistungen solcher Vögel, die nur von mittelmäßigen Alten oder gar von Weibchen, die der edlen Rasse nicht angehören, gezogen sind 156; Erkennen eines guten zukünftigen Sängers; Zeit des „Durchschlagens" der Jungen, „Verhören" 157; Vorsorge; Nachtschläger; Ausbildung der Jungen von einer Nachtigal als Vorschlägerin 158; Kanarienlehrorgel als Ausbildungsmittel 159.

Sprechende Kanarienvögel 160

Freies Aus- und Einfliegen der Kanarienvögel, Einbürgerungsversuche, Überwinterung im Freien 162

Mischlingszucht 168

Allgemeines 168; Stieglitz-, Hänfling-, Grünfinkmischlinge; Girlitz-, Zeisig-, Gimpelmischlinge 174; Verwendung gehäubter Kanarienweibchen zur Mischlingszucht 176; mit anderen einheimischen und auch mit fremdländischen Finken 180.

Krankheiten 182

Allgemeines 182; Krankheitskennzeichen 183; Schnupfen (Katarrh der Nasen-, Rachen- und Mundhöhle [Pips] 184; Katarrh der Luftröhre (Rachen-, Kehlkopf- und Halsentzündung), Heiserkeit, Kurzatmigkeit 185; Lungenentzündung (L. katarrhalische), Lungenschwindsucht (Tuberkulose); Tuberkulose in Leber, Herz, Herzbeutel, Milz, Nieren, Magen, Eierstock, Därmen u. a. 186; Luftröhren- oder Kehlkopfswurm 187; Diphtheritis und Kroup (diphtheritisch-troupöse Schleimhautentzündung, Bräune, Rotz, gelbe Mundfäule, gelbe Knöpfchen, Schnörgel u. a.) 188; Verdauungsschwäche, Blähsucht (Windgeschwulst) 186; Unterleibsentzündung, Darmentzündung, Brand (schwarzer Brand; Magenentzündung) Sterben der Jungen in den Nestern 189; Durchfall (Diarrhoe, Darmkatarrh), Ruhr, Kaltdurchfall (Kaltschiß, Kaltmist) 191; Verstopfung, Wassersucht, Fettsucht 192; Abzehrung oder Dürrsucht (Darre), Erkrankung der Bürzeldrüse (Fettdrüse), Warze 193; Erkranken der Weibchen beim Eierlegen oder Legenot; Vorfall des Darms oder der Legeröhre 194; Schwitzkrankheit (Schweißsucht) 195; Leberkrankheiten, Leberflecke 196; Gelbsucht; Pocken; Schlagfluß, Krämpfe, (epileptische Anfälle) 197; Drehkrankheit oder Taumelsucht, Augenkrankheiten (Anschwellungen und Entzündungen der

Seite

Bindehäute); Entzündung der Hornhaut 198; Gicht (eiternde und gichtische Gelenk-Entzündung); rheumatische Leiden (Lähmung); Wunden 199; Knochenbrüche, Geschwüre (Balggeschwüre) 200; Schnabel-Mißbildungen (Wucherungen) 201; Fußkrankheiten (Entzündung, Eiterung, Geschwüre, Verhärtungen [Knollen, Hühneraugen], Entzündung durch Einschneiden einer Faser 202; gelbe geschwürige Knoten); Gefiederkrankheiten (Vogelläuse oder Milben, Federlinge, Mauser oder Federwechsel) 203.

Anhang.

Mängel und Gefahren in der Zucht edler Kanarienvögel	205
Die Gesangstouren des Harzer Kanarienvogels in ihrem Wertverhältnis	209
Die Kanarienvogelzucht in St. Andreasberg	212
Die Ausfuhr der Kanarienvögel, ihre Bedeutung für die Kanarienzucht und praktische Winke für die Züchter	225
Unser Kanarienvogel in China	233
Monatskalender	239

Verzeichnis der Abbildungen.

Farbentafel I (gegenüber dem Titel).

1. Der wilde Kanarienvogel.
2. Der gemeine deutsche Kanarienvogel.
3. Der Harzer Kanarienvogel.

Farbentafel II (zwischen S. 80—81).

1. Der Bossu.
2. Der belgische Kanarienvogel.
3. Der Pariser Trompeter.

Farbentafel III (zwischen S. 160—161).

1. Der Riesenkanarienvogel von Manchester.
2. Der reingelbe Norwich-Kanarienvogel.
3. Der eidechsenartig gestreifte Kanarienvogel.

Abbildungen im Text.

Abb.		Seite
1.	Wiener Holländer Kanarienvogel	50
2.	Gehäubte Norwichs	58
3.	London Fancy	61
4.	Border "	63
5.	Harzerbauer	77
6.	Tontöpfchen	77
7.	Kanarienversand-Käfig	80
8.	Trinkgefäß von Glas für Harzerbauer	81
9.	Turmbauer	83
10.	Badestübchen	85
11.	Einfacher Käfig	86
12.	Käfig für den einzelnen Sänger	87
13.	Badegefäß	89
14.	Automat. Futterbehälter	89
15.–17.	} Automat. Trinkgefäße	90
18.–19.	} Futter-, Trinknapf von Blech	91
20.	Futter- u. Trinknapf von Porzellan zum Einhängen in den Käfig	92
21.	Kanarien-Heckbauer	93
22.	Harzer Trinknapf	94
23.–24.	} Harzer Nistbauer	96
25.–26.	} Nistvorrichtungen aus verzinntem Draht	97
27.	Drahtraufe für Niststoffe	99
28.	Eierzertleinerungsmaschine	103
29.	Sepiaschalenhalter	109
30.–31.	} Eierzange	132
32.	Einsatzkäfig von Draht	150
33.	" " Holz	151
34.	Gesangskasten	152
35.	Akustischer Gesangskasten	153
36.	Stieglitz-Kanarien	170
37.	" "	171
38.	Zeisig "	173
39.	Gehäubte Stieglitz-Kanar.	175
40.	Grünling-Kanarien	177
41.	Dompfaff "	178
42.	Hänfling- "	181

Bedeutung des Kanarienvogels.

Als eingebürgerten Hausgenossen und nicht mehr als fremden Gast dürfen wir den Kanarienvogel betrachten. Obwohl erst seit dem verhältnismäßig kurzen Zeitraum von ungefähr 500 Jahren aus seiner Heimat fortgeführt, ist er jetzt bei allen gebildeten Völkern der Erde zu finden. Für uns Deutsche aber hat er eine vorzugsweise hohe Bedeutung erlangt, weil er in unzähligen Familien als zärtlich gepflegter Liebling gehalten und weil er gerade bei uns in überaus großer Anzahl gezüchtet wird, so daß er zu einem wichtigen Ausfuhr- und Erwerbsgegenstand in vielen Gegenden unseres Vaterlandes geworden ist.

Der wilde Kanarienvogel.

Mit der Schilderung des wilden Kanarienvogels, des Stammvaters aller Kulturrassen, muß ich beginnen und die Vorgänge erzählen, durch welche dieser Vogel zu uns gekommen und in zum Teil recht veränderter Gestalt unser Hausfreund geworden ist. Einige geschichtliche Mitteilungen größtenteils nach der Darstellung Dr. Karl Bolle's schicke ich voraus.

Geschichtliches. Der älteste Schriftsteller, welcher über den Kanarienvogel berichtet, ist Konrad Geßner, dessen Buch „De avium natura" (Naturgeschichte der Vögel) in der zweiten Hälfte des 16. Jahrhunderts erschien. Er hat den Vogel nicht selber gesehen, sondern schildert ihn nach dem Bericht eines Freundes und nennt ihn Canariam aviculam, was man willkürlich in ‚Zuckervögele' übertrug, weil man sagte, daß dieser Fremdling das Zuckerrohr besonders liebe und weil er ja in der Tat auch Zucker gern frißt. Auf Geßner folgt Aldrovandi (1599—1609), der in seiner Vogelkunde fast nur die Angaben des Vorgängers wiederholt, aber bereits weiß, daß sich das Männchen durch eine gelbere Farbe vom Weibchen unterscheide. Außerdem gibt er neben einer noch ziemlich unförmigen Abbildung des Vogels zugleich die des Kanariengrases, der Lieblingsnahrung dieses Sängers. Viel besser als Aldrovandi's Darstellung ist schon die, welche Olina in einem 1622 zu Rom herausgegebenen Buch lieferte und die aus dem letzteren in verschiedene andere Werke überging. Die genannten Schriftsteller kennen jedoch nur den grünen, zu ihrer Zeit noch unmittelbar von den kanarischen Inseln durch Kaufleute nach Europa gebrachten Vogel.

Als die Spanier im Jahre 1478 die Kanaren eroberten, erbeuteten sie dort neben vielen anderen reichen Gaben der Natur auch diese Singvogelart in großer Anzahl und brachten sie nach dem Mutter=

lande. Bald bildete das „Zuckervögelchen" einen namhaften Gegenstand des Handels. Zunächst fand es, seines hohen Preises wegen, freilich nur Eingang in die Häuser sehr reicher und vornehmer Leute. Hier wurde es auf das sorgfältigste gepflegt, und besonders galt es als Liebling der Frauen. Es bildete einen für diese unentbehrlichen Schmuckgegenstand; mit dem „Kanari" auf dem Zeigefinger der rechten Hand saß die Dame des Hauses an Sonn- und Festtagen in ihrem Zimmer, um Besuche zu empfangen, und mit diesem Schmuck ließ sie sich auch malen, sodaß man heute noch hier und da alte Familienbilder sehen kann, welche uns diese Sitte vergegenwärtigen.

Die Spanier wußten den Handel mit Kanarienvögeln nahezu ein Jahrhundert hindurch für sich ausschließlich zu bewahren, indem sie nur die Männchen ausführten, die Weibchen aber wohlweislich zurückbehielten. In der Mitte des sechzehnten Jahrhunderts wurde diese Schranke gebrochen. Olina erzählt nämlich, daß ein nach Livorno bestimmtes spanisches Schiff, welches nebst anderen Waren eine bedeutende Anzahl von Kanarienvögeln an Bord hatte, an der italienischen Küste verunglückte, und daß die dadurch in Freiheit gesetzten Vögel, wahrscheinlich durch einen Ostwind getrieben, westwärts flogen, und sich auf der Insel Elba ansiedelten. Da sie hier ein sehr günstiges Klima fanden, vermehrten sie sich bald

1*

und zahlreich, sodaß die Italiener aufmerksam wurden und in dem Fang und Verkauf dieser Vögel eine neue Erwerbsquelle fanden, welche sie freilich nur zu sehr ausbeuteten. Sie begannen dann die Zucht des Vogels mit Erfolg, und von Italien aus verbreitete sich dieselbe nach nördlicher gelegenen Ländern, besonders nach Tirol und anderen Teilen Deutschlands.*)
Und hier erblühte in lebhafter Weise die Zucht und auch bald der Handel.

Bereits im letzten Viertel des achtzehnten Jahrhunderts bestand zu Imst**) eine Gesellschaft, welche alljährlich nach beendeter Brutzeit Einkäufer zu den Kanarienvogelzüchtern in Deutschland und in der Schweiz sandte, um die Jungen anzukaufen, wie dies noch heutigentags geschieht. Die in solcher Weise zusammengebrachten Vögel wurden dann wiederum durch ganz Deutschland herumgetragen und verhandelt, teilweise aber auch schon nach England und Rußland und selbst nach Konstantinopel und Ägypten ausgeführt. Nach England sollen bereits damals alljährlich 1600 Köpfe abgesetzt worden sein, welche dort mit

---

*) In einer im Jahre 1669 erschienenen deutschen Übersetzung von Geßners „Tier-Buch" (herausgegeben von Georg Horst in Frankfurt a. M.) heißt es schon: „Diese Vögel sind vor diesem theuer verkauffet und hochgehalten worden, anjetzo aber werden sie an vielen Orten in Deutschland gezogen, dann sie sich in gewissen Kefigen offt vermehren."

**) Kleiner Ort im nördlichen Tirol.

fünfzehn Schilling für den Vogel bezahlt wurden. Ein ähnlicher Handel bildete sich im Schwarzwald und in anderen Gegenden Deutschlands aus. Bis zu unserer Gegenwart hat sich mit der Ausbreitung der Zucht natürlich auch der Handel und die Ausfuhr in stetiger Weise gehoben und vergrößert, doch ruht die jetzt besonders nach Nordamerika gerichtete Ausfuhr in den Händen weniger Großhändler, vornehmlich der Herren C. Reiche und L. Ruhe in Alfeld bei Hannover; die Bedeutung des ersteren für die deutsche Kanarienvogelzucht soll weiterhin geschildert werden.

Wenn es für den Freund der Natur überhaupt von Wichtigkeit ist, das Lebensbild jeder beliebigen Tier- und besonders Haustierart in möglichst klaren Zügen vor sich entrollt zu sehen, so wird bei dem Kanarienvogel die Teilnahme dadurch noch erhöht, daß wir es mit dem Urzustande eines Wesens zu tun haben, welches eine reiche und interessante Geschichte besitzt und Vergleiche mannigfacher Entwickelungsstufen gestattet.

Der Mensch hat die Hand nach diesem freien Geschöpf der Natur ausgestreckt, dasselbe verpflanzt, vermehrt, an sein eigenes Schicksal gefesselt, und durch Wartung und Pflege zahlreich auf einander folgender Geschlechter so durchgreifende Veränderungen an ihm bewirkt, daß wir noch jetzt fast geneigt sind, mit den alten Naturkundigen und mit Linné und

Brisson zu irren, indem wir dem goldgelben Vögelchen das Gepräge einer eigenen Art zuerkennen und darüber die wilde, grünliche Stammrasse, welche unverändert geblieben ist, vergessen möchten.

Vielfach hat man, namentlich in neuerer Zeit, behaupten wollen, daß der bei uns eingebürgerte Vogel keineswegs wirklich von der auf jenen Inseln jetzt noch freilebenden Art herstamme, sondern daß er seinen Ursprung der fortgesetzten Vermischung einiger grüngelben, leicht zähmbaren, bei uns und in anderen Weltteilen heimischen Finkenarten verdanke.

Trotzdem nämlich mit dem Beginn des 18. Jahrhunderts die Literatur über den Kanarienvogel immer zahlreicher geworden, ist der Zeitpunkt, in welchem der Übergang von der ursprünglich grünen Färbung zu dem gelben Gefieder stattgefunden, nicht zu ermitteln. Die Veränderung ist jedenfalls sehr schnell von statten gegangen. Es ist Tatsache, daß der wilde Kanarienvogel schon in einigen Jahren der Gefangenschaft gelb wird.*)

---

*) Eine übereinstimmende Verfärbung vollzieht sich in überraschend kurzer Frist an dem bei uns von Australien her eingeführten und seit einigen Jahrzehnten in unseren Vogelstuben zahlreich gezüchteten Wellensittich. Wir haben nicht allein gelbgescheckte und gelbe, sondern auch weiße und sogar blaue Spielarten von diesem kleinen Papagei vor uns. S. „Der Wellensittich" von Dr. Karl Ruß, 5. Auflage, bearbeitet von Karl Neunzig (Creutz'sche Verlagsbuchhandlung, Magdeburg).

Das helle Licht, in welchem der zahme Kanarienvogel uns erscheint, die genaue und erschöpfende Kenntnis, welche wir von seinem Wesen und seinen Eigentümlichkeiten besitzen, scheinen neben der Entfernung von uns, in welcher der wilde lebt, die Hauptursache der geringen Auskunft zu sein, die man bis dahin über den letzteren erlangt hatte. Im Lande seiner Herkunft hatte man die naturgeschichtliche Betrachtung der Erzeugnisse des heimatlichen Bodens fast gänzlich vernachlässigt, und die Männer der Wissenschaft, welche dort weilten, waren teils von weit wichtigeren Studien in Anspruch genommen, teils betrachteten sie den Aufenthalt in jenen Gegenden nur als einen Ruhepunkt und als eine Vorbereitung zum Schauen der neuen Welt der Tropenländer.

Dr. Bolle, auf dessen Angaben diese Mitteilungen beruhen, konnte, nach den Ergebnissen zweijähriger, auf den Kanarischen Inseln*) gesammelter Erfahrungen aller herrschenden Unsicherheit ein Ende machen (1858). Seine Beobachtungen sind seitens des Herrn Ernst Böcker (1883) und sodann

---

*) Dies sind die bekannten Eilande des atlantischen Meeres, welche an der nordwestlichen Küste von Afrika zwischen dem 27. und 30. Grad nördlicher Breite liegen. Unter diesen ist es wieder die Gruppe, deren herrliches, mildes Klima und üppige Fruchtbarkeit ihr schon in alter Zeit den Namen der ‚Glücklichen Inseln' verschaffte, auf welcher die Europäer zuerst den schmetternden Gesang unseres Vogels vernahmen.

des Herrn W. Hartwig (1886) teils bestätigt teils ergänzt worden. Ich werde in den nachstehenden Mitteilungen auf den Angaben dieser Reisenden fußen, die wissenschaftliche Beschreibung des Kanarienwildlings aber nach den Vögeln geben, welche ich im Lauf der Jahre selber besessen habe und von denen sich mehrere ausgestopft in meiner Sammlung befanden.

Der wilde Kanarienvogel, von den Spaniern und Portugiesen ‚Canario' (von den Madeirensern nach Hartwig ‚Canario de Terra') genannt, gleicht in der Größe, Gestalt und Haltung unserem Kulturvogel. In der Färbung stimmt er mit dem graugrünen K. mit grünlichgelber Brust und ohne weiße Schwingen und Steuerfedern so überein, daß man nur bei genauer und gründlicher Kenntnis beider einige sichere Unterscheidungsmerkmale auffinden kann. Dieselben bestehen im wesentlichen darin, daß beim Wildling stets die gesamte Zeichnung an der Ober- und Unterseite durchaus regelmäßig ist, Kopf und Rücken einen mehr grünlichgrauen, anstatt bräunlichen Ton zeigen, die asch- oder mohnblaue Färbung der Halsseiten stärker hervortritt, weiße Schwingen und Steuerfedern durchaus fehlen, Oberschnabel und Beine bräunlichfleischfarben, nicht dunkelhornfarben sind. (Böcker, „Gefiederte Welt", 1883.)

Wissenschaftliche Beschreibung: Stirnstreif, Gegend ober- und unterhalb des Auges, Kopfseiten und ein Nackenstreif lebhaft grüngelb, Scheitel graulichgelbgrün, an Ober- und Hinterkopf jede Feder mit breitem schwärzlichen Schaftstrich, ein zweiter Nackenstreif und Wangen bläulichaschgrau; Schultern und Oberrücken olivengrün mit bräunlichem Anflug, jede Feder mit breitem schwärzlichen Mittelstreif, Unterrücken mehr graugrün; Bürzel und obere Schwanzdecken rein gelbgrün; Schwingen schwärzlichgrau, fein grünlichgrau außen gesäumt und mit breiter fahler Spitze, zweite Schwingen mit breiter fahlgrauer Außenfahne und Spitze, alle Schwingen unterseits hellaschgrau; oberseitige Flügeldecken schwärzlichgrau, breit olivengrünlich gelbgesäumt, unterseitige Flügeldecken weiß; Schwanzfedern schwärzlichgrau, am Außen- und Innenrand fahlgrau gesäumt, unterseits hellgrau; ganze untere Körperseite lebhaft grünlichgoldgelb, Seiten grünlichgelb, schwarzgrau längsgestrichelt; Hinterleib und untere Schwanzdecken fast reinweiß, letztere mit gelblichem Schein; Augen braun, Oberschnabel bräunlichfleischfarben, Unterschnabel gelblichhorngrau; Füße und Krallen bräunlichfleischfarben, Fußsohlen fleischfarbenweiß. (Ich habe festgestellt, daß, je älter der Vogel wird, desto mehr und reiner das Gelb im Gefieder, insbesondere an der Kehle und Unterbrust, zur Geltung kommt, desto bemerkbarer die bräunliche Färbung an Schultern und Oberrücken erscheint, während der Schnabel gleichmäßiger dunkelgraubraun wird. An mehreren Vögeln, die ich lebend vor mir gehabt, ließen sich diese Merkzeichen mit Sicherheit nachweisen). Das Weibchen unterscheidet sich nur dadurch, daß an der Unterseite, namentlich an Brust und Bauch, breite weißgraue Federränder die grünlichgelbe Farbe verdrängen, sodaß der Vogel im Ganzen mehr düster graublau, nur mit grüngelbem Ton erscheint; Stirn und Augenstreif mit schwachem aber lebhaft grüngelbem Schein, ebenso die ganze Unterseite, von der Unterbrust an aber ziemlich rein weißlichgrau; im Alter sind die Rückenfedern auch deutlich bräunlichgrau. Länge 140—144 mm; Flügelbreite 235—262 mm; Schwanz 60—65 mm. Die Größe ist also ein klein wenig geringer, als die des Kulturvogels, mindestens erscheint der Wildling schlanker. — Das Nestkleid der Jungen ist (nach Bolle) bräunlich, an Wangen und Kehle schwach zitrongelb, an der Brust ockergelblich.

W. Böcker fügt hinzu, daß der Kanarienwildling ein schöner Vogel, viel schöner als die meisten seiner gezähmten Stammesgenossen sei; sein Gefieder ist weich, glatt und anliegend, sein Flug geräuschloser, nicht so schnell und schnurrend, wie bei den in Zimmerhecken gehaltenen Kulturvögeln und alle seine Bewegungen sind flink und zierlich.

Das eigentliche Vaterland des wilden Kanarienvogels erstreckt sich (wie schon S. 7 erwähnt) auf die Kanarischen Inseln. Schon Linné wußte, daß er nicht denselben ausschließlich angehört; er kommt auch auf Madeira und den Azoren vor.*) Dagegen hat man ihn bisher an keiner Stelle des nahegelegenen Festlands gefunden. Die Gegenden, welche er bewohnt, gehören ihrer ganzen Ausdehnung nach in die südliche gemäßigte Zone und erfreuen sich, vom Übermaß der Kälte und Hitze unberührt, einer milden, lauwarmen, das ganze Jahr hindurch fast gleichmäßigen Wärme; trotzdem kann der Kanarienvogel einen gewissen Grad

---

*) Nach Hartwig ist die letztere Angabe unrichtig; vgl. S. 12.

von Kälte ertragen; er zeigt sich gegen dieselbe nicht sehr empfindlich. Auf den Eilanden, von denen er den Namen erhalten hat, bewohnt er vorzugsweise die westlichen, gebirgigeren Teile, wo ein größerer Reichtum von Baumwuchs seinen Aufenthalt begünstigt und wo durch die von den herrschenden Seewinden verursachte, bedeutendere Feuchtigkeit, sowie durch die kühlere Luft das Inselklima ein viel angenehmeres ist, als in der östlichen Hälfte des Archipels. Auf den Inseln Tenerissa, Palma, Gomera und Ferro trifft man ihn in großer Anzahl, und zwar hauptsächlich dort, wo nicht allzu dicht wachsende Bäume mit Gestrüpp abwechseln. Hier ist er von der Meeresküste bis zu einer Höhe von 1400—1900 Meter im Gebirge hinauf zu finden, während er an vielen dazwischen liegenden Punkten freilich vergeblich gesucht wird. Die Gärten volkreicher Städte besitzen ihn ebensowohl wie die abgelegensten stillen Winkel der Insel. Er ist viel mehr Baumvogel, als seine Europäischen Vettern, Hänfling und Stieglitz. Nach E. Böcker soll er, mit dem Niederschlagen des Baumwuchses, aus manchen Gegenden schon ganz verschwunden sein, in den Gärten von Orotava aber ebenso häufig wie bei uns der Buchfink, strichweise sogar noch zahlreicher vorkommen. Außer der Brutzeit schlagen sich die Kanarien zu kleinen Trupps zusammen, während derselben sieht man sie jedoch nur paarweise. W. Hartwig schreibt: „Gegenwärtig kommt der Kanarienwildling auf Madeira viel häufiger vor, als auf Teneriffa, der größten der Kanarischen Inseln. Wenn man als seine Heimat auch noch die Azoren angibt, so beruht dies auf Irrtum; man verwechselte ihn mit dem Girlitz. Bei und in Funchal ist er der häufigste Vogel und sicherlich nicht seltner als in Berlin der Sperling. In den Herbst= und Wintermonaten kann man auf der Südseite Madeiras häufig Flüge von 60 Stück und darüber beobachten. Manche Bäume (besonders Zypressen) welche um diese Zeit den Kanarien zur Nachtruhe dienen, wimmeln gegen Sonnenuntergang förmlich von ihnen. In den ersten Tagen des Februar lösen sich diese Scharen in einzelne Pärchen auf; es beginnt die Brutzeit. Die Hähne kämpfen jetzt häufig mit einander und ihr Gesang bekommt nun erst wahres Feuer. Der Kanarienwildling nistet auf Madeira, von Meeres=höhe bis etwa tausend Meter darüber in Gärten und Weinpflanzungen, wie in Kiefernbeständen; die dunklen, feuchten Lorbeerwälder hingegen meidet er. Sein Lieblingsbaum ist entschieden die Zypresse, in der ich ihn zu Orotava auf Teneriffa, wie auch zu Funchal am häufigsten fand."

Fortpflanzung. Paarung und Nestbau erfolgen im März, gewöhnlich in der zweiten Hälfte. Das Nest wird sehr versteckt angebracht, doch ist es nament=lich in Gärten durch das viele Hin= und Herfliegen der Alten unschwer zu entdecken. Es steht zuweilen in einer Höhe von 3,9 Meter, niemals aber niedriger als 2,15 Meter über dem Boden. Für junge, noch schlanke Bäumchen scheint der Vogel eine besondere Vorliebe zu haben und unter diesen die immergrünen zu wählen. Böcker fand das Nest in den verschiedenen in der Nähe von Orotava vorkommenden Obst= und Zierbäumen, namentlich auf Cytisus=, Orangen= und Palmenbäumen. Die Nester, welche Bolle gesehen, waren aus weißer Pflanzenwolle sauber geformt, unten breit, oben sehr eng mit zierlicher Rundung, einige kaum mit einem Grashalm oder Reisigstückchen durchwebt. Böcker beschreibt die von ihm untersuchten dagegen als in Größe, Farbe und Form denen des Distelfink ähnlich, äußerlich aus seinen Würzelchen, trockenen Grasstengeln und Halmen zusammengesetzt und mit weißer Pflanzenwolle ausgepolstert. Ihm ist kein einziges ganz aus weißer Pflanzenwolle bestehendes Nest zu Gesicht gekommen. Täglich wird ein Ei gelegt; die Durchschnittszahl in den Gelegen scheint fünf zu sein. Die Eier sind blaß meergrün, mit rötlichbraunen bis schwärzlichen Flecken besät, die sich manchmal am stumpferen Ende zu einem Kranze vereinigen. Zuweilen sind die Eier auch ganz oder nahezu einfarbig; in Größe und Form gleichen sie denen des zahmen Vogels, nur sollen sie eine etwas stärkere Ausbuchtung der Längsseite zeigen. Die Brut= zeit dauert 13 Tage. In derselben Zeit werden die Jungen flügge, und diese werden dann noch eine Zeitlang von beiden Alten, namentlich vom Männchen, aus dem Kropf gefüttert, nach Böcker mit verschiedenen Gras- und Salatsämereien, mit Vogelmiere, den zarten Blättern der verschiedenen Salatarten, den weichen Kernen und dem Saft aufgebrochener Feigen. Alljährlich werden nach Böcker drei, nach Bolle vier Bruten gemacht. Zu Ende des Monats Juli beginnt die Mauser. W. Hartwig sah auf Madeira ein Nest wenig über 1,5 Meter hoch in einem Weinstock, doch fand er solche auch hoch oben auf Zypressen, starken Eichen, riesigen Fieberbäumen (Eucalyptus robustus) und dicht belaubten indischen Feigenbäumen (Ficus comosa). „Die Nester sind immer hauptsächlich mit Pflanzenwolle ausgepolstert, die Außenseite ist der Umgebung vollständig angepaßt und es ist daher nicht leicht, sie aufzufinden. Die ersten ausgeflogenen Jungen wurden von einem meiner Bekannten am 25. März, von mir selbst am 26. März bemerkt. Von den letzten Märztagen ab konnte man fast in jedem größeren Garten und in jeder Anlage das Gepiepe der jungen Vögel vernehmen. Ihr Gebaren beim Futterbetteln, ihre Bewegungen, ihr sonstiges Benehmen, alles ist wie bei unseren zahmen Vögeln. Die Zahl der Bruten beträgt für Madeira zwei, ausnahmsweise auch wohl einmal drei alljährlich."

Gesang. Das Männchen sitzt, während das Weibchen brütet, in der Nähe, am liebsten hoch, auf noch unbelaubten Bäumen oder auf dürren Zweigspitzen und läßt von hier aus auch am häufigsten seinen Gesang hören. „ . . . Über den Wert dieses Gesangs," sagt Bolle, „ist viel gestritten worden. Von einigen überschätzt und allzusehr gepriesen, ist er von anderen, die vielleicht nur nach wenigen zu uns hergebrachten Vögeln urteilen konnten, nicht gelobt worden. Man entfernt sich nicht von der Wahrheit, wenn man die Meinung ausspricht, daß die wilden Kanarienvögel singen, wie in Europa die zahmen. Der Schlag dieser letzteren ist durchaus nicht durch Kunst hervorgebracht, sondern er ist vielmehr, wenn auch hin und wieder durch die Einwirkungen fremder Vogelgesänge verändert, doch im ganzen geblieben, wie er ursprünglich war. Einzelne Wendungen hat die Erziehung umgestaltet und zu glänzenderer Entwickelung gebracht, andere hat der Naturzustand in größerer Frische und Reinheit bewahrt; der Charakter beider Gesänge aber ist noch jetzt vollkommen übereinstimmend — und dies spricht sehr für den Wert des Vogels. So wenig aber wie alle Hänflinge und Nachtigalen oder alle zahmen Kanarienvögel gleich gute Schläger sind, darf man dies von den wilden fordern; auch unter ihnen gibt es stärkere und schwächere. Das aber ist unsere entschiedene Ansicht: die Nachtigalentöne oder das sogenannte Rollen, jene zur Seele bringenden tiefen Brusttöne, haben wir niemals schöner vorgetragen gehört, als von wilden Kanarienvögeln und einigen zahmen der Inseln, welche bei jenen in der Lehre gewesen . . ." — W. Böcker urteilt folgenderweise: "Der Gesang des Kanarienwildlings kann im allgemeinen den Kenner des Harzer Kanarienvogels nicht befriedigen. Die Stimme ist weich, frisch, melodisch, und wenn mehrere Vögel zusammen singen, so macht es den Eindruck, als ob eine Gesellschaft von Insektenfressern, namentlich der verschiedenen Arten von Grasmücken mit einigen Hänflingen um die Wette sängen. Zwischendurch hört man dann einige rasch ausgestoßene Hohlpfeifen, einige kurze Triller und einzelne Gluckerpartien; auch einige Rollenansätze kommen beim Wildling vor. Daneben vernimmt man freilich das verpönte Schappen unserer Kanarien der Landrasse, nicht so gellend, aber ebenso häufig; alle Touren sind kurz im Vergleich zum Harzer Gesang. Neue Touren habe ich auch nicht gehört; trotzdem ist der Gesamteindruck des Gesanges der verschiedenen Wildlinge bei mir doch der gewesen, daß der wilde Kanarienvogel in seinem weichen, melodischen Organ das Mittel besitzt, den Gesang der Harzer Kanarien in der ersten und sicher in der zweiten Generation, was Tonfülle und mäßige Länge der Strophen anbelangt sich anzueignen. Ob die Reinheit, die Fehlerfreiheit des Harzer Kanariengesanges in so kurzer Zeit erzielt werden kann, wird davon abhängen, ob man die junge Brut von dem wilden Hahn so zeitig zu entfernen vermag, daß dieselbe den letzteren auch in den ersten vier Wochen ihres Daseins nicht hören kann. Das Gepräge des Gesangs des einzelnen Kanarienwildlings ist das des Schlages der Landrasse, aber obgleich im ganzen übereinstimmend, kommen doch verschiedene Abweichungen vor, sodaß die Behauptung, jeder Flug habe seinen eigenen Gesang, nicht aller Begründung entbehrt. Jedenfalls gibt es bessere und geringere Sänger unter den Wildlingen; der bessere Sänger schappt weniger, bringt mehr Triller und mehr Gluckertouren, auch eine kurze Knarre und nähert sich insofern mehr dem Gesang eines mittelguten Harzers. Die langen Züge des Harzer Gesangs hört man indes im Freien niemals und ebensowenig an den auf Teneriffa in der Gefangenschaft gehaltenen Vögeln. Das Weibchen läßt übrigens in der Gefangenschaft einige kurze schirkende Töne hören. Der Lockton beider Geschlechter ist wie bei der gezähmten Rasse oft sanft und wohllautend, mitunter aber auch von einer unangenehmen Höhe." W. Hartwig schreibt: „Sein Gesang ist der unserer Landrasse, nur sind die einzelnen Töne leiser, weicher, wohlklingender."

Die Nahrung besteht nach Bolle größtenteils, wenn nicht ausschließlich aus Pflanzenstoffen, kleinem Gesäme teils mehliger, teils öliger Art, sowie zartem Grün und saftigen Früchten, namentlich Feigen; im übrigen auch aus allen Sämereien, welche unsere einheimischen Finkenarten lieben. So findet man dort Kreuzkraut, Vogelmiere und Wegebreit, sowie

Brunnenkresse und Mohn allenthalben sehr reichlich. Noch ein Hauptnahrungsmittel müssen wir erwähnen; es ist das, welches in Europa den größten Ruf erlangt hat und allgemein zur Fütterung der Stubenvögel verwendet wird, der Samen des Kanariengrases nämlich, welches auf diesen Inseln, sowie in allen Ländern der Umgebung des Mittelmeers einheimisch ist, in Deutschland vornehmlich bei Erfurt im großen angebaut wird und früher lange Zeit hindurch als das alleinige Futter der Kanarienvögel galt. In Holland baute man es bereits in der zweiten Hälfte des 17. Jahrhunderts an. Wasser ist ein gebieterisches Bedürfnis für den Kanarienvogel; er fliegt oft und meistens gesellig zur Tränke und liebt das Baden, bei dem er sich sehr naß macht, im wilden Zustande ebenso sehr wie im gezähmten. Hartwig sagt: Die Kanarien fressen nicht nur die Sämereien und das Grüne von Kreuz- und Korbblütlern, besonders von der Gänsedistel (Sonchus), vom Bingelkraut (Mercurialis annua) u. a., sondern sie verzehren auch gern Insekten. Ich fand sie oft damit beschäftigt, Blattläuse oder ähnliche kleine Kerbtiere von den Pflanzen abzulesen.

Der Fang der Wildlinge ist sehr leicht. Bolle hat sie in Kanaria einzeln sogar in Schlagnetzen fangen sehen, wobei nur Hänflinge und Stieglitze die Locker waren. Für gewöhnlich bedient man sich, wie E. Böcker bestätigt, eines Schlagbauers, welches aus zwei seitlichen Abteilungen, den eigentlichen Fallen, mit aufstellbarem Trittholz, und einem in der Mitte befindlichen Käfig für den Lockvogel besteht. Dieser Fang wird in baumreichen Gegenden, wo Wasser in der Nähe ist, betrieben und zeigt sich in den Morgenstunden am ergiebigsten. Bolle hat binnen wenigen Stunden 16 bis 20 Köpfe fangen sehen, und E. Böcker hat eine ähnliche Beobachtung gemacht. Nach Angabe des letzteren werden überhaupt größtenteils nur junge Vögel gefangen, bezl. der Fang wird in der Regel nur dann betrieben, wenn die Jungen der ersten und zweiten Brut ausgeflogen sind. Der Kanarienvogel wird viel häufiger gefangen als seine Verwandten, aber nicht zur Ausfuhr, sondern nur zur Befriedigung der Liebhaberei der Eingeborenen oder auf Wunsch eines Fremden gegen geringe Vergütung. Auf Madeira beobachtete Hartwig nur den Fang vermittelst Schlagbauer.

Soeben eingefangen sind die wilden Kanarienvögel äußerst unruhig und brauchen längere Zeit, ehe sie ihre Wildheit ablegen; in engen Käfigen zu mehreren zusammengesperrt, zerstören sie sich leicht das Gefieder. Ungestört schnäbeln sie sich gern, und die jungen Männchen sind an einem fortgesetzten lauten Zwitschern bald zu erkennen. Bolle's jüngere Vögel fingen in der zweiten Hälfte des August an zu mausern; einige unter ihnen hatten indessen noch im Dezember den Federwechsel nicht vollständig hinter

sich; wahrscheinlich waren dies die am spätesten ausgeflogenen. Das helle Gelbgrün zeigt sich zunächst
an der Brust.

E. Böcker sagt über die Zucht auf den Inseln,
daß dieselbe nicht von sonderlicher Bedeutung sei.
Die hauptsächlichste Züchtung auf Teneriffa liegt wie
bei uns in den kleinen Züchtereien der Landrasse.
Durchweg werde die Zucht in kleinen Käfigen aus
Rohr oder Draht betrieben, teils mit wilden und
gezähmten Vögeln, wozu man fast ausnahmslos nur
den wilden Hahn verwende, teils mit Kulturvögeln
wie bei uns. Auch dort rechne man auf ein Männchen
mehrere Weibchen, auch dort höre man Klagen über
verfehlte Nachzucht, ziehe gehäubte und glattköpfige
Vögel in denselben hochgelben und hochgrünen Farben
und verkaufe sie zu denselben Preisen wie bei uns.
Das gewöhnliche Futter sei Kanariensamen und
während der Hecke komme etwas Ei dazu. Die Mischlinge von dem wilden Hahn mit dem zahmen Weibchen
(nach Bolle auf Teneriffa ‚Verdegais' geheißen) seien
oft sehr schön und eigenartig. Ein Züchter in
Orotava hatte solche von lebhaft bräunlichgelber
Farbe gezogen. Bolle hat von einem hochgelben
Weibchen Junge gesehen, die am Oberkörper dunkel-
grün und unten von der Kehle an rein goldgelb
gefärbt waren. Die Vögel galten aber auch für
eine außerordentliche Seltenheit. Hartwig teilt mit,
daß von den Kanaren, in geringer Zahl auch von Madeira,

dort gezüchtete Kanarien in namhafter Ausfuhr nach Europa, besonders England, gesandt werden. „Die meisten englischen Dampfer, welche Las Palmas (Hauptstadt von Gran Canaria) anlaufen, versorgen sich reichlich mit den dort gezüchteten hochgelben Vögeln, welche sich zur Zeit als vorzügliche Schläger auf den „Glücklichen Inseln" eines bedeutenden Rufs erfreuen. Sie können aber durchaus keinen Vergleich mit dem Harzer Vogel aushalten, obwohl in ihrem Schlag mehr Feuer liegt. Fahrgäste wie Matrosen der englischen Dampfer nennen die auf den Kanaren gezüchteten Vögel echte Kanarien. Der „Sherbero", auf welchem ich von Teneriffa nach Madeira überfuhr, hatte etwa hundert solcher ‚echten' Kanarien aus Las Palmas an Bord." Inbetreff der Verpflegung der Kanarien seitens der Madeirenser berichtet Hartwig: „Sämtliche Körnerfresser werden nur mit Kanariensamen und Grünem gefüttert. Der Madeirenser kennt kein Körnerfutter weiter. Sand bekommt kein Madeiravogel, aus dem einfachen Grunde, weil es solchen auf der ganzen Insel nicht gibt. Auch sind die Käfige für die Aufnahme von Sand gar nicht eingerichtet, ihr Boden besteht aus Gitterwerk. Die Vogelbauer sind oft sehr künstlerisch und geschmackvoll aus Rohr hergestellt. Sie hängen stets vor der Tür, nie im Zimmer. Da nun Madeira ein recht windiges Klima hat, so schaukeln die Bauer mit den Insassen oft kräftig hin und her; doch stört dies die daran gewöhnten Vögel durchaus nicht im Gesang. Bei starkem Wind drückt das Vögelchen sich fest an die Sitzstange, hält aber das Schnäbelchen doch nicht. Selten findet man wohl einen Handwerker oder kleinen Krämer in Funchal, der nicht einen oder einige der grünlichgelben kleinen Sänger vor der Tür seiner Werkstatt oder Venda (Laden) hängen hat. So gern nun auch der Madeirenser Vögel hält, so gibt er sich doch nicht allzuviele Mühe mit ihrer Pflege; stirbt sein Liebling, so geht er hin und — fängt sich einen neuen."

Dr. Bolle bezeichnet den wilden Kanarienvogel als sehr weichlich in der Gefangenschaft und vielen Krankheiten unterworfen. W. Böcker dagegen schreibt: „Der wilde Kanarienvogel ist, einmal eingewöhnt, nach meiner vollen Überzeugung ein ausdauernder Vogel; wir haben ihn hier unter ziemlich ungünstigen lokalen Verhältnissen Monate lang bei einfacher Pflege gesund und munter erhalten; er verträgt sogar das Anfassen und Untersuchen der einzelnen Körperteile ebenso gut wie der gezähmte Vogel, und Zug und abwechselnde Temperatur besser als dieser. Der junge Kanarienvogel bedarf aber vorzugsweise weicher, nicht völlig ausgereifter Sämereien, Grünkraut, Salatblätter, Vogelmiere, des Krauts von Radieschen und, wenn eben möglich, eines Stückchens reifer Feige. So lange, wie die Vögel in dieser Weise von meinem Sohn gepflegt werden konnten, waren sie auch, obwohl ihrer ziemlich viele in einem Käfig vereinigt werden mußten, gesund. Den trocknen Kanariensamen, das gewöhnliche Kanarienfutter, vertragen soeben eingefangene Vögel schlecht und die meisten von ihnen sind daran zu Grunde gegangen. Sie magerten bei aufgetriebenem Unterleib rasch ab und steckten dann auch andere Vögel mit ihren Entleerungen an. An Krämpfen sind meinem Sohn keine Wildlinge eingegangen." Hartwig, der sich 12 Wildlinge mitgebracht, hält sie, sobald eingewöhnt, gleichfalls für ausdauernd. „Auf der Reise von Rotterdam bis

Berlin sank (in der Nacht vom 29. zum 30. April 1886) die Luftwärme bis auf 5 Grad C. unter Null, sodaß einige der Vögel bei meiner Ankunft hier so erstarrt waren, daß sie nicht mehr auf die Sprunghölzer hüpfen konnten. Drei starben in den ersten Wochen ihres Hierseins, wohl infolge von Erkältung. Während der heißen Sommermonate dürfte es bei geeigneter Behandlung nicht schwer sein, den Vogel über Hamburg zahlreich einzuführen. Die Mauser machten meine Vögel scheinbar mit Leichtigkeit durch. Ende Juni traten die meisten meiner Wildlinge in die Mauser, und Ende September hatte auch der letzte sie glücklich überstanden." Ich selbst besaß mehrfach Kanarienwildlinge und dieselben haben sich keineswegs besonders weichlich gezeigt.

Als Bolle die Inseln besuchte, betrug der Preis in Santakruz, wenn man mehrere zugleich kaufte, nur 1 Fiska (etwa 25 Pfennige) für den Kopf; frisch gefangene alte Männchen wurden mit einem Toston (1 M.) bezahlt; in Kanaria waren die Preise viel höher, jedenfalls weil die Vögel dort seltener sind. Jetzt kostet nach E. Böcker ein alter Vogel 5 Frcs., ein junger mindestes 1/2 Frcs.; die Wildlinge sollen niedriger im Preise stehen als die gezüchteten, woraus der Genannte schließt, daß die als Wildlinge in den Handel gelangenden auch stets solche sind. Hartwig gibt an, daß der Wildling sowohl wie der gezüchtete hochgelbe K. etwa 2,10 M. preist; in Funchal werde im Frühjahr der einjährige frisch gefangene Wildling mit 2,25—2,70 M. bezahlt, für alte Vögel und dabei gute Schläger fordere der Madeirenser vom Fremden oft den doppelten Preis.

Gegenwärtig wird der Wildling nur selten lebend nach Europa eingeführt. Wenn von den Händlern wilde Kanarienvögel von St. Helena ausgeboten werden, so sind dies gewöhnlich andere Arten, namentlich der gelbstirnige Girlitz (Serinus flaviventris, *Gml.*) und neuerdings der Kapkanarienvogel (S. canicollis, *Swns.*) und der amerikanische gelbbäuchige Girlitz (Sycali sluteiventris, *[Meyen]*); ebenso, werden andere verwandte Finkenarten im Handel als Kanarienwildlinge ausgegeben.*) Ich sah zuerst wilde Kanarien auf der Pariser Weltausstellung 1867 und im Laufe der Jahre habe ich sie mehrfach einzeln und in Pärchen besessen, gezüchtet leider aber nicht. Chs. Jamrach in London hat sie mehrmals eingeführt, ebenso K. Reiche in Alfeld bei Hannover.

---

*) Vor einigen Jahren kam auch der bis dahin noch gar nicht eingeführte kurzschnäbliche Girlitz (Sycalis arvensis, *[Kittl.]*), der in Chili heimisch ist, als wilder Kanarienvogel von Antwerpen aus in den Handel. (S. „Gefiederte Welt" 1889, Nr. 23.) Nach den Angaben eines der ersten Händler werden meist irgend welche ausländische Girlitzarten als „Canarios" auf den Markt gebracht. Diesem Umstand ist es zuzuschreiben, daß nur selten von Liebhabern Kreuzungsversuche zwischen den wilden „Canarios" und unserem Hohlroller angestellt werden. Vor einigen Jahren unterhandelte ich mit einem Padre in Funchal über 2 Paar Canarios. Dieselben sollten dort M. 50 kosten. Zweifel, ob ich wirklich „Canarios" erhalten würde, ließen mich von meinem Vorhaben abstehen.

E. Böcker hatte ihrer eine Anzahl von Teneriffa mitgebracht, ebenso Hartwig von Madeira. Schade, daß die Großhändler es sich nicht mehr angelegen sein lassen, den Kanarienwildling einzuführen! Sein ausführliches Lebensbild ist in dem Werke „Dr. Karl Ruß, Die fremdländischen Stubenvögel", I. Band „Körnerfresser" (Creutz'sche Verlagsbuchhandlung in Magdeburg) gegeben.

Der zahme Kanarienvogel.

Wenden wir uns jetzt dem gezähmten Kanarienvogel zu und zwar in allen seinen Erscheinungen, wie er durch die Einflüsse der Gefangenschaft verändert in seinen verschiedenen Rassen vor uns steht. Von vornherein dünkt es uns erstaunlich, daß innerhalb eines verhältnismäßig geringen Zeitraums solche durchgreifenden Veränderungen der Farbe, Gestalt und des ganzen Wesens eines Tieres vor sich gehen konnten, denn der Kultur-Vogel erscheint uns nicht allein größer als der Wildling, kräftiger und zum Teil sogar ganz abweichend gestaltet, sondern auch in zahlreichen, völlig veränderten Farben und Zeichnungen. Seine Größe beträgt: Länge durchschnittlich 144 mm, Flügelbreite 235 bis 262 mm, Schwanz 65 mm.

Am besten überblickt man alle zahmen Kanarienvögel in drei Hauptgruppen, deren erste die deutsche

Rasse, zweite die holländischen Rassen und dritte die englischen Rassen umfaßt.

I. Die deutsche Rasse.

Die Einteilung der deutschen Kanarienvögel geschieht nach den Farben und nach dem Gesang. Man unterscheidet sie gewöhnlich als gemeine deutsche Kanarienvögel, auch Landrasse genannt, und edle (Harzer) Kanarienvögel.

1. Der gemeine deutsche Kanarienvogel.

Farbenvögel. Die Farben wechseln vom dunkeln, lebhaften Goldgelb und fast Orangegelb bis zum Weißgelb und nahezu Reinweiß, vom Gelblichbraun durch die eigentliche Isabellfarbe bis zum Rötlichbraun und vom Graugrün durch Gelbgrün bis Schwarzgrün. Man unterscheidet a) Hochgelbe oder Goldgelbe, welche desto mehr geschätzt werden, je voller sich die Farbe dem Orangegelb nähert. Da sie in der Tat sehr schön erscheinen, wenn sie am ganzen Körper gleichmäßig gefärbt sind, so erfreuen sie sich großer Beliebtheit, und eifrige Züchter streben besonders danach, sie in durchaus reiner Farbe fortzupflanzen. b) Die Strohgelben, deren Farbe viel blasser weißlich ist, doch jedenfalls immerhin lieblich erscheint; sie werden am häufigsten gezogen. c) Die Weißen, welche selbstverständlich nicht reinweiß, sondern nur ganz hellgelb und gesucht sind, falls man recht schöne Mischlinge mit Stieglitzmännchen und anderen verwandten Finken-Vögeln ziehen will. d) Die Isabellfarbenen, deren Färbung zwischen gelblich und rötlichbraun die Mitte hält und mehr nach dieser oder jener Schattierung hin sich neigt. Schöne Isabellen, welche nur am Oberkörper jene Färbung haben, während sie unterhalb tief goldgelb sein müssen, sind selten und sehr begehrt. Die Isabellen, werden in Berlin u. a. auch Elberne oder Elbfarbige genannt. e) Die Graugrünen, deren Färbung wieder mehr oder weniger in Gelb, Grün oder Schwarz übergeht; sie stehen den Stammeltern jedenfalls am nächsten.

Glattköpfige und gehäubte. Ferner werden die gemeinen deutschen Kanarienvögel in glattköpfige und gehäubte geschieden, welche letzteren wiederum in Geschopfte, Gekrönte und Tollige zu teilen sind.

Mannigfaltige Unterrassen. Ziehen wir in Betracht, daß unter den farbigen Kanarienvögeln wiederum noch, je nach der verschiedenen Färbung und Zeichnung, vielfältige Benennungen aufgestellt werden, so wird man zugeben, daß eine ganz erkleckliche Anzahl von Unterrassen herauskommt, deren geordnete Unterscheidung für die Liebhaberei immerhin eine gewisse Bedeutung hat und zu der wir uns jetzt wenden müssen.

Als a) **Gescheckte** bezeichnet man alle Kanarienvögel, welche mehrere Farben in unregelmäßigen Zeichnungen zeigen und durch Vermischung verschieden gefärbter Vögel natürlich am häufigsten gezogen werden, aber für Farbenvögel=Liebhaber den geringsten Wert haben. Man unterscheidet Gelbschecken, von schönem Hochgelb, doch durch Grün, Grau und Braun hier und da verunziert; Blaßschecken, heller, in ähnlichen Zeichnungen; Isabellschecken, gelblich= oder rötlichbraun und ähnlich gezeichnet; Getigerte, bei denen kleinere Zeichnungen mehr oder minder regelmäßig über den ganzen Körper verbreitet sind; Einflügel, deren rechter oder linker Flügel allein farbig ist; Halbschwalben, welche die weiterhin angegebene Schwalbenzeichnung nur auf einer Seite zeigen. b) **Plättchen**, glattköpfige und einfarbige Vögel, welche nur eine gefärbte Zeichnung auf dem Kopf haben (je gleichmäßiger diese ist, und je reiner und voller zugleich die Färbung des Körpers, desto höher geschätzt ist der Vogel); wenn die farbige Platte ganz klein ist, so heißen sie Mückchen. Sonst unterscheidet man Grau=, Grün=, Braun= und Schwarzplättchen. c) **Grau=, Grün=, Braun= und Schwarzgehäubte**, mit möglichst reiner Körperfarbe und farbiger Tolle, Haube oder Krone; auch sie sind sehr geschätzt und zwar umsomehr, je regel=

mäßiger sie die Färbung der vorigen haben. d) Schwalben nennt man die Vögel, welche einen dunklen Oberkörper haben oder auch nur am Oberkopf und an den Flügeln farbig und sonst reingelb sind; man unterscheidet nach den Farben wiederum Grau-, Grün-, Schwarz- und Isabellschwalben, und je regelmäßiger die Zeichnung, desto teurer ist der Vogel. Am meisten geschätzt sind die gekrönten Isabellschwalben, deren Oberkopf mit kleiner krauser Tolle (Krone) geschmückt ist und deren beide Flügel rotgelb sind, während der übrige Körper recht rein hochgelb sein muß. Alle Schwalben können glattköpfig oder gehaubt sein. Flügelschwalben nennt man die Vögel, deren Flügel farbig, während der Kopf und der übrige Körper gelbrein sind.

Kakerlaken. Als eine nur selten vorkommende Verirrung der Natur müssen wir noch die Kakerlaken erwähnen, ganz rein weiße Kanarienvögel mit roten Augen, eine Erscheinung (Albinismus), welche besonders unter ungünstigen Züchtungs-Verhältnissen bei zahlreichen Tierarten beobachtet wird. Kakerlaken oder Albinos sind meist sehr weichlich. Übrigens kommen auch bei den ganz einfarbigen isabellfarbenen, seltener bei reingelben Kanarienvögeln zuweilen rotäugige vor.

2. Der Sänger oder edle Kanarienvogel.

In der Gestalt und Farbe des edlen Kanarienvogels ist kein wesentlicher Unterschied zwischen ihm und dem gemeinen Kanarienvogel zu bemerken. In früheren Jahren fand man bei den deutschen Züchtern fast ausschließlich gelbe Kanarien, während jetzt die bunten bezw. ganz grünen Vögel wieder die Oberhand bekommen haben. Der Züchter richtete sich hauptsächlich nach dem Geschmack des Publikums, welches nur gelbe Vögel wünschte. Seit einigen Jahren hat sich das geändert, denn es werden jetzt bunte, sowie grüne Vögel gern gekauft, so daß der Züchter nicht mehr nötig hat auf Farbe zu sehen; für ihn ist nur der Gesang maßgebend. Ich habe die Erfahrung gemacht, daß gerade bunte und grüne Kanarien weit dauerhafter sind, als die reingelben.

Auf gleichmäßige Zeichnung wird bei der Zucht des edlen Sängers wenig Wert gelegt. Es gibt gehäubte und glattköpfige. Das singende Männchen mit dem stark aufgeblähten Kropf, seiner schlanken Gestalt und seinen niedlichen Kopfbewegungen ist eine reizende Erscheinung.

Der G e s a n g aber ist bei beiden so durchaus verschieden, daß darin der eine keinesfalls mit dem andern verwechselt werden kann. Während der gemeine deutsche Vogel ähnlich wie ein Baumpieper, oft sogar viel schlechter singt, und durch die Eintönigkeit seines Liedes und die schrillen, gellenden Töne nur zu oft unausstehlich wird — erinnert der Gesang des edlen Vogels viel mehr an die schönsten Töne der Nachtigal, nur daß die einzelnen Strophen besser zusammenhängen, oft unmerklich ineinanderfließen, während sie freilich weder an Mannigfaltigkeit, noch Kraft des Tons jene ganz erreichen.

Die Lehre vom Kanarien-Gesang. Die edlen Kanarienvögel werden im allgemeinen von allen Kennern nach ihrer Gesangsweise in Arten oder Abteilungen eingeteilt. Man unterscheidet: a) Hohl-, Knorr-, Klingelroller, also feine Rollvögel oder b) Koller- und Gluckvögel.

In früherer Zeit waren auch Nachtigalschläger recht beliebt. Der Gesang derselben bestand in vollen runden und tiefen Tönen, den sogenannten Nachtigaltönen. Derartige Sänger jedoch sind seit langem unzeitgemäß und können sich mit den Leistungen eines feinen Rollvogels durchaus nicht messen. Die jetzt gebräuchlichen Bezeichnungen nach ihrer Rangordnung sind:

A) feine Rollvögel, bei welchen entweder die Hohlrolle, Klingelrolle oder Baßrolle vorherrscht,

B) Rollvögel, bei welchen zwar auch nur Rollen vorkommen, die jedoch von den bei A) genannten Touren keine in hervorragender Weise, und daneben die sonstigen Rollen des Kanariengesangs bringen,

C) Koller- und Gluckervögel, d. h. feine Rollvögel, bei welchen die Kollertour resp. die Glucker vorherrschend ist.

Daß in der Benennung der einzelnen Touren des Kanariengesangs eine allgemein gültige, bestimmte

Norm bisher noch nicht angenommen worden, ist zu bedauern; es könnten dann nicht Fälle vorkommen, wie ich noch unlängst erlebt, daß sich z. B. Jemand einmal einen „Gluckroller" kommen läßt, anstatt der Gluckrolle jedoch eine tief liegende, gerade Hohlrolle und das andere Mal anstatt der Gluckrolle eine allerdings schöne Hohlklingel auf ui erhielt. Ähnliche Fälle sind auch vielfach mit den Bezeichnungen Heul=, Wieher= und Lachrolle vorgekommen und zwar so, daß diese Bezeichnungen je nach Belieben des Händlers für alle möglichen und unmöglichen Touren herhalten müssen.

Die Anforderungen, welche die Kenner an den Gesang eines vorzüglichen edlen Kanarienvogels im allgemeinen stellen, ergeben sich aus nachstehendem.

Der Gesang des Harzer Vogels besteht aus schwirrenden Trillern, Wirbeln, den sogenannten Rollen, tiefen, sich wellenartig brechenden Stößen aus der Brust, hohlen Pfeifen und Gluckertönen. Letztere fließen nicht so gleichmäßig, wie die blitzschnell wirbelnden Triller, sondern bestehen in einzeln unterscheidbaren, regelmäßigen, kurzen Absätzen, etwa an den Wachtelschlag erinnernd. Die Rollen sind Hauptinhalt des Liedes. Sie, mehr noch Fülle und Weichheit der Stimme, das Zurücktreten von Schnattern, Schwirr= und Wispelrollen, den sogenannten ‚platten' Touren bestimmen dessen eigentlichen Wert, während Pfeifen und Flöten untergeordnetere Bedeutung haben.

Wenn ein Lied mit einer einfachen geraden, oder mit einer Schwirrrolle begonnen, in eine Knorre übergeht, hierauf in eine Hohlrolle mit zwei oder drei Biegungen fällt, drei bis vier hohle Pfeifen oder Flöten folgen, eine Klingelrolle der Gluckrolle vorangeht, diese einer weichen Schwirrrolle Platz macht, an welche sich eine weitere tiefere Klingelrolle mit darauf folgender gebogener Hohlrolle schließt, der abermals Flöten folgen, diesen, durch Übergangstour vermittelt, eine zweite Knorrrolle nebst weiterer Hohlrolle sich anreiht und drei bis fünf tiefe Pfeifen den Schluß bilden, so haben wir hierin etwa den Gesang eines Sängers, wie er das Ideal des Züchters sein könnte.

In der Reihenfolge der einzelnen Touren dürfen wir keine zu weit gehenden Anforderungen stellen. Zu bestimmen, auf eine Tour müsse der Vogel diese und auf eine andere jene Tour bringen, geht doch offenbar etwas zu weit; „das wären ja die reinen Tapetenmuster", und was die Länge der Touren anbelangt, so lassen wir uns wohl auch eine ziemliche Strecke gefallen, aber Touren so lang, daß man bis fünfundzwanzig oder gar dreißig zählen kann, sind trotz der schönsten Ausführung unschön. Ein Vogel, der eine so lange Tour bringt, bleibt gewiß in den meisten Fällen überhaupt in derselben stecken.

Der Vogel soll mit einer edlen, leisen Rolle beginnen und dieselbe, wenn möglich, anschwellen (oder noch besser anschwellen und wieder abnehmen) lassen. Ebenso schön ist es auch, wenn er mit drei bis sechs feinen Pfeifen beginnt. Im übrigen mag aber der Vogel mit einer Rolle oder Pfeife anfangen, welche ihm beliebt; wenn er alle Touren in harmonischer, anmutiger Weise mit einander verbindet, wenn seine Töne tief lullend, hoch, aber klar und glockenschlagartig sind, sobald schließlich sein ganzes Lied ein zu Herzen sprechendes ist, so haben wir es auch gewiß mit einem vorzüglichen Sänger zu tun.

Den hauptsächlichsten Teil im Lied eines Primasängers bilden stets die Hohl- und Baßrollen (Knorren): alle anderen Haupttouren des Kanariengesangs sind zur Ausschmückung vorzüglich geeignet, und das Vorhandensein einiger derselben ist neben der Hohlrolle und Baßrolle unerläßlich, da es sich sonst nur um einseitigen Gesang handeln würde. Wo die Hohlrolle in verschiedenen Lagen, fallend und steigend oder auch gebogen erscheint, wo die Haupttouren des Kanariengesangs überwiegend und die verrufenen Fehler gar nicht vorhanden sind, da haben wir gewiß einen 'Primasänger' vor uns. Bezüglich der Pfeifen bemerke ich noch, daß dieselben zwar ebenfalls (bei guter Ausführung natürlich) zur Ausschmückung des Liedes vorzüglich geeignet sind, daß der Vogel aber recht gut ein sogenannter Primasänger sein kann, auch wenn er überhaupt keine Pfeifen, sondern nur Rollen bringt. Der Anfänger aber merke sich nur folgende

Regel: hohl und weich rollend, sowie voll und tief lullend seien alle Strophen, welche er stets mit geschlossenem Schnabel bringt, denn das sind die Grundzüge wirklich guten Kanariengesangs.

Der wundeste Punkt auf dem Gebiet der Kanariengesangskunde ist die leider noch immer vielfach abweichende Benennung einzelner Touren seitens der Kenner in verschiedenen Gegenden; es gibt bis jetzt noch keine allgemein gültigen Bezeichnungen für gewisse Wendungen im Gesang der Vögel. So kommt es denn, daß einunddieselbe Tour in verschiedenen Gegenden verschieden bezeichnet wird.

Nehmen wir nun die über den Kanariengesang geschriebenen Bücher und Zeitschriften zur Hand, so sehen wir diesen Zwiespalt selbst unter den bedeutendsten Kennern auf den ersten Blick. Danach unterscheiden wir als Touren des Kanariengesangs nach Böcker: Gluckrolle, Koller, Lach- und Wieherrolle, Hohl- und Heulrolle, Klingelrolle, Wasserrolle, Schwirrrolle, Knarr- und Knorrrolle, Lispelrolle, Schnatterrolle, Knatterrolle, Wackel, Schnarre und Pfeifen; nach Wiegand: Gluckerkoller, Koller, Schnatterglucker, Wasserglucker, Wasserflöte, Gluckertöne, Glockentöne, Pfeifen, Gluckerrolle, Kollerrolle, Klingelrolle, Hohlrolle, Baßrolle, Hohlschnatter- und scharfe Schnatterrolle, Schwirrrolle, Lispelrolle, Wasserrolle, Krachrolle, Schnarrrolle, grobe Rolle und Triller; nach Brandner: Koller, Hohlrolle, Klingel, Knorre, Gluckrolle, Klingelrolle, Wasserrolle, Hohlschnatter, gewöhnliche gerade Rolle, weiche Schnatter, Schwirrrolle, Wispelrolle und Flöten.

Bei genauem Vergleich aller Tourenbenennungen seitens der genannten Kenner finden wir große Abweichungen; jedoch merkwürdigerweise in den Bezeichnungen derjenigen Touren, die nach meiner Überzeugung wirklich vorhanden sind, fast völlige Einigkeit. Dies sind 10 verschiedene Touren. Mehr gibt es denn auch in der Tat überhaupt nicht. Was sonst noch mit selbständigen Namen als besondere Tour genannt wird, ist stets nur eine Abänderung, eine Variation dieser oder jener Haupttour. Die Namen dieser 10 Touren, welche den ganzen jetzigen Kanariengesang ausmachen, sind: Hohlrolle, Hohlklingel, Knorre oder Baßrolle, Klingel, Klingelrolle, Koller, Wasserrolle, Glucke, Pfeifen und Schwirre.

Die früher mit Vorliebe gezüchteten Kollervögel sind jetzt fast gänzlich ausgestorben. Auch Vögel mit Wasserrolle und Glucke trifft man noch selten an. Bei der Nachzucht dieser Vögel ist ein zu großer Prozentsatz, der sogenannte „Ausschuß", der keinen Anspruch auf die Bezeichnung „feiner Roller" machen kann.

In früheren Jahren machte man innerhalb der oben angeführten Touren noch allerlei Unterschiede. Der Phantasie des Züchters war ein unbegrenzter Spielraum gegeben. Hierdurch entstand naturgemäß eine große Verwirrung in der Benennung der Touren. So sprach man von einer Heul=, Lach=, Wein=, Wieher=, Hengst= usw. Rolle. Alle diese sind aber in den oben angeführten enthalten.

Wollen wir die Hohlrollen unter sich noch genauer unterscheiden, so haben wir die viel verständlicheren Bezeichnungen ‚gebogene Hohlrolle', ‚übersetzte Hohlrolle' und ‚ein=, zwei=, drei= oder viermal fallende und steigende Hohlrolle'. Da weiß jeder, was gemeint ist, nicht aber bei der Bezeichnung ‚Heulrolle' u. dgl. mehr, von welcher sich füglich jeder Leser eine andere Vorstellung macht.

Ich bringe im folgenden eine Schilderung der genannten Haupt=Touren des Kanariengesangs in kurzer, gedrängter Form.

1. Die Hohlrolle. Ohne sie kann überhaupt kein edles Lied zustande kommen. — Da nur die Anfangswelle mit einem h angehaucht wird, sonst aber nur Vokale i, ü oder u hörbar sind und der Vogel seine ganze Kraft dabei in die Brust legt, erklingt diese Rolle so voll wie melodisch, indem diese 3 Vokale noch den mannigfachsten Tonschattierungen dabei Raum gestatten. Andere Vokale auf o, a und oe geben derselben einen näselnden Anstrich, sie gelten infolgedessen nicht als rein. Je nachdem der Sänger diese Tour in mehr oder minder weicher, zitternder („schockelnder") Weise lang und mit Gefühl zum Vortrag bringt, ist dieselbe mehr oder minder wertvoll.

Keine andere Tour wird so klangvoll und so mannigfaltig wie die Hohlrolle — lang getragen, auf- und abwärts gebogen oder fallend und steigend — gebracht, und eine schöne Hohlrolle ist trotz der schönsten Koller (leider ausgestorben) der größte Glanzpunkt des Kanariengesangs. Die gebogene Hohlrolle lautet auf i h u, da das i höher liegt und durch Verbindung des h nach u hinüberzieht, so entsteht dadurch ein Bogen, während die steigende Hohlrolle mit einem tiefen u oder ü anfängt, dann ein oder zwei Töne höher geht, und dadurch schließlich auf das i kommt. Die fallende Hohlrolle, welche man seltener antrifft, wird in umgekehrter Reihenfolge gebracht.

2. Die Hohlklingel, welche namentlich in den letzten Jahren sehr viel angetroffen wird, ist hauptsächlich aus der tieferen Hohlrolle entstanden. Bei dem Streben nach möglichster Tiefe der Hohlrolle faßten die Vögel auch die Klingel tiefer auf; die Hohlklingel ist eine der schönsten Touren des Kanarienvogelliedes. Sie besteht aus einer schnellen Aneinanderreihung des ü, wie bei der Klingel (siehe 4) des i, doch hat der Anschlag bei der Hohlklingel ein langsameres Tempo. Ausartungen bei der Hohlklingel kommen sehr selten vor, nur stellt sich auch hier, wie bei allen tiefen Touren, etwas Näselndes ein, das stets mit offenem Schnabel gebracht wird.

3. Auch zu den wertvollen Touren gehört die Knorre, welche den Baß im Kanariengesang bildet.

Wirklich gute Knorren sollen auf knorr, oder noch besser auf quorr angesetzt und ohne Absatz mit voller und runder Stimmen weitergeführt werden. Entsteht aber aus dem Knorr oder Quorr ein Knarr oder Quarr, so ist der Wert der Töne sehr herabgemindert. Eine Ausartung bildet die Knatterknorre, wobei dieselbe flach und breit klingt, sozusagen ohne jegliches Metall; sie wird als Fehler angesehen. So schön die Knorre auch ist, so darf sie im Liede nie vorherrschen, denn darunter leiden die hohlen Touren; sie muß nur als Übergangstour auftreten.

4. Klingel. Gerade aus der Klingel entstehen die meisten fehlerhaften Touren des Kanarienvogel= gesanges. In früheren Jahren wurde viel auf gute Klingelvögel gehalten, denn eine wirklich gute Klingel „mit Metall" trifft man selten an. Die Klingel soll silberklar angeschlagen werden, doch darf kein Konso= nant vor dem i i i zu hören sein, doch durch ein leise angeschlagenes h vor dem i, büßt die Klingel an Wohl= klang nichts ein. Wird vor dem i ein s gebracht, so entsteht dadurch die flache Klingel, während man bei einem schärferen Hervortreten des s von einer spitzen Klingel redet. Aus diesen beiden Abarten entstehen, wenn sie sich noch weiter verflachen oder noch mehr ins Spitze ausarten, die Schnetter und die Schnatter. Vielfach hört man von einer gebogenen Klingel sprechen, was aber ein vollständiges Unding ist; sie kann aber steigend bezw. fallend gebracht werden, wenn der

Vogel einen Ton tiefer geht, um dann wieder zu steigen.

5. Die Klingelrolle. Etwas rascheren Tempos, wird dem ü der Hohlrolle noch ein zweiter Ton, ein i zugesetzt, wodurch ein Reiben, ein Doppel=Vokal gebildet wird, dessen höherer Ton sich von dem tieferen klingend abhebt. Eingeleitet wird diese Tour häufig durch ein r, welches sich alsbald in ein l verliert. Sie ist eine der Hohlrolle am nächsten verwandte Tour des Kanariengesanges. Wenn die Hohlrolle stets auf einem reinen Vokal vibriert, so bringt die Klingelrolle den Vokal immer in inniger Verbindung mit dem Konsonanten r, etwa wie iririr, und oft hört man auch ein verstecktes l in der Tour; sie hat mit der Hohlrolle auch darin Ähnlichkeit, daß sie wie diese fallend und steigend erscheint.

6. Die Koller. Die Königin unter allen Gesangstouren, von einem Wohlklang, einer Fülle, welche sich weit über alle anderen Gesangstouren, ja selbst über die ergreifendsten Töne der Nachtigal emporhebt. — Die Tour klingt ähnlich dem Kollern eines Puters, wobei die Töne gleichsam verschluckt und wieder ausgestoßen werden.

7. Wasserrolle. Infolge ihres Klanges Wasserrolle genannt, ist sie für Jeden, der sie einige Male gehört, leicht zu erkennen. Ihr Text besteht aus einem in der Sekunde etwa fünf= bis sechsmal gebrachten Plätschern, etwa wie blü, blü, ihre Bewegung ist eine

wellenartige und mit dem Plätschern des Wassers fast genau zu vergleichen. Die Züchter, welche jetzt meistens auf Hohlrolle arbeiten, merzen leider jede Wasserrolle aus, da dieselbe zu leicht ausartet und ins Flache übergeht, wobei sie den Wohlklang völlig verliert.

8. **Glucke.** Ähnlich der Wasserrolle klingt die Glucke wie gluck, gluck, welches aber langsamer hervorgebracht wird. Leider findet man sie fast gar nicht mehr vor, denn ihre Ausartungen in glack und klack klingen abscheulich.

9. **Pfeifen.** Wenn Rollen die Grundlage des Gesangs, den Rohbau des Hauses bilden, so gelten die Pfeifen mehr als Schmuckstücke, als Stuck am Gebäude. Die Pfeifen sind gewissermaßen die Interpunktion des Gesanges; sie bilden Ruhepunkte. Bei ihnen ist meistens eine Gesangsperiode zu Ende und eine neue beginnt, falls der Vogel nicht mit ihnen schließt. Je ruhiger und langsamer die Pfeifen vorgetragen werden, desto wertvoller sind sie, doch darf der Vogel nur 3 bis 4 mal damit anschlagen. Am wertvollsten sind die Pfeifen auf dü, du und dau, aber auch die auf ti, tü und tu sind wertvoll. Je höher die Pfeife auf ti gebracht wird, desto weniger Wert hat sie.

10. **Schwirre.** Die Schwirre ist weiter nichts als eine gelispelte oder verunglückte Klingelrolle und wird daher auch vielfach „Lispelrolle" genannt, sie lautet auf si, si. Die Bezeichnung „Schwirre" ist aber

die richtigere. Die Tour erinnert durchaus an den schwirrenden Klang, wie wir ihn im Sommer bei einem Spaziergang durchs Feld von den Heimchen hören. Eine solche Tour ist, solange sie leise und gedämpft gebracht wird, eine angenehm klingende, nie aber dann, wenn sie ausartet. Tritt vor dem i das s oder r recht scharf hervor, so haben wir es mit einer spitzen oder harten Schwirre zu tun, die kein Züchter gern hat. Was sonst noch mit dem Namen Lispel- oder gar Wispelrolle benannt wird, gehört zu den weichen Schnattern.

Zu den Fehlern im Gesang des Kanarienvogels gehören Schnattern, schnalzende Stellen, wie z. B. „tscheg", Knatter=Knarren, die nicht voll und rund ausschlagen, sondern dünn wie ein Storchkonzert klappern, zischende Partien in den Rollen, Flöten, die ausschließlich hoch oder hart liegen, das sogenannte ‚zit', was, wenn es noch schwächer vertreten, als schnalzende Stelle in der Schnatter liegen kann, wie ‚tschississ', oder bereits förmlich, wenn auch leise in den abgebrochenen Lauten ‚zezeze' oder ‚zizi' ausgeprägt ist, welche mit der Zeit zu immer größerer Länge ausgedehnt werden. Abgebrochene schrille Laute wie z. B. Locktöne der Spatzen und anderer Vögel, das Abbrechen mitten im Stück (wenn die Vögel nicht durchsingen), das falsche Aufgreifen einer Tour z. B. der Gluckrolle oder Knorre, wenn erstere zu tief ins ‚a' und dadurch trocken geht, letztere mit einem ‚z‘ wie ‚zua‘, ‚zua‘ verbunden wird, während ein lautes ‚zizi‘ in langer Strophe, wie ‚zipp, zia, zia, jap, jap, zep, zep‘, die sogen. ‚Schappertouren‘ ganz gemeine Fehler sind. Fehlerhaft ist es, wenn Kanarien ihr Lied erst mit vier= bis sechsmaligen Locktönen einleiten.

Die Schnatter namentlich die Hohlschnatter wurde früher zu den wertvollen Touren gerechnet. Jetzt darf sie im Gesang eines edlen Vogels nicht vorhanden sein. Bei den Schnattern arbeiten die Vögel mit der Zunge, welche dabei ganz keck durch den hoch geöffneten Schnabel vorgestreckt wird. Grundlage aller Schnattern bildet, mit Ausnahme der Gackerschnatter, ein mehr oder minder zischendes ‚s‘, dem die Vokale e oder i in hoher, dünner Lage angefügt werden. Diese Sippe lautet daher im wesentlichen ‚eßeßeß‘ ‚ißißiß‘ oder ‚sisisi‘, auch noch verbreitet in ‚escheschesch‘. Sehr häufig ist noch eine kürzere Schnatter mit einem h, im ersten Stoß durch t verstärkt, ‚tsihihi‘. Weiche Schnattern haben zum Text ein sisisi, sisisi, sososo und wiwiwi, minder weiche ein wiswis, sissis usw.

Aufzug nennt man das Hervorbringen von Tönen ähnlich dem Aufziehen einer Uhr, ein weicher Aufzug wird nicht zu den Fehlern gerechnet.

Es bedarf guter Kenntnis des Kanariengesanges, steter Aufmerksamkeit und Züchterfleißes, um unschöne Touren auszumerzen. Keinesfalls soll der Anfänger in der Kanarienzucht seine Anforderungen von vornherein zu hoch stellen. Rückschläge bleiben auch dem erfahrenen Züchter nie ganz erspart; der eine oder der andre leichte Fehler kommt auch in den besten Stämmen hin und wieder vor. So unangenehm solche Laute dem Kenner auch sind, wird er sie doch zuweilen anderer Vorzüge halber unberücksichtigt lassen müssen, um nicht einseitige Sänger zu erhalten. Und selbst dann, wenn wir mit einseitigem (d. h. tourenarmen) Gesang zufrieden sein wollten, dürften uns Fehler im Gesang doch nicht erspart bleiben, und sei es auch nur eine hohe, spitze Pfeife; etwas haftet auch den besten Stämmen an.

So befinden wir uns also in einem ewigen Ringkampf mit den durch die Mode als solche gestempelten Fehlern, deren wir uns nie und nimmer ganz erwehren werden. Wir sind uns dessen, was wir vom Kanarienvogel verlangen, sehr wohl bewußt und wollen den Fehlern durchaus nicht das Wort reden; wollen wir aber ehrlich sein, so müssen wir gestehen, daß wir das, was wir erstreben, nie erreicht haben und nie erreichen werden. Die Mehrzahl der Nachzucht unserer Vögel entspricht unseren größten Anforderungen nicht. Ich meine daher, die Züchter sollen die sog. „Beiwörter" nach wie vor auszumerzen suchen, doch darf es nicht auf Kosten der Reichhaltigkeit des Gesangs geschehen..

Wie durch die Beschreibung des Kanariengesangs

in Übereinstimmung mit der Auffassung und den Ansichten der hervorragendsten Kenner nachgewiesen, verfügt der heutige Kanariengesang über zehn genau abgegrenzte, verschiedene, einzelne Touren.

Hervorragende Kenner des Kanariengesanges haben bei Gelegenheit einer Versammlung von Kanarienzüchtern festgelegt, was man von dem Gesang eines „Prima"-Vogels verlangen müsse. Ein solcher Vogel muß drei der Haupttouren bringen, der Hohlrolle ist dabei immer der Vorzug zu geben. Sodann ist man über folgendes übereingekommen:

1. Jede Schnatter, auch die weiche, ist bei einem „Primavogel" unzulässig.

2. Aufzug darf er haben.

3. Spitzpfeifen unter Umständen, d. h. bei sonst hervorragendem Gesange.

4. Nasentouren sind zu verwerfen.

5. Kurze, flache Klingel ist unter Umständen zulässig.

6. Knorre wird nicht unbedingt verlangt.

7. Beiwörter wie wißt, wie, wei, zit sind unzulässig.

8. Spitze Klingel ist unter Umständen zu dulden.

9. Schwirren ebenfalls.

10. Knatterknarre ist unzulässig.

11. Wasserrolle ist unter Umständen zulässig.

12. Gedämpfte oder gedeckte Hohlrollen mit einem näselnden Anflug auf ö sind unter Umständen zulässig und

13. auch die Glucke.

Hiernach kann man sich ungefähr ein Bild machen von dem, was von einem besten Vogel verlangt wird und was er nicht bringen darf.

Es gibt nun Züchter, welche neben der Hohlrolle auch noch eine vollendete Knorre in ihrem Stamm haben möchten. Das wird sich aber nie erreichen lassen. Eine vorzügliche Knorre kann nur auf Kosten der Hohlrolle erreicht werden.

Kollervögel sind, wie schon erwähnt, nicht mehr zu finden, auch die Wasserrolle und Glucke verschwindet fast ganz. Ich hörte allerdings vor einigen Jahren bei der Prämiierung in Andreasberg einen Stamm, der eine richtige, volle Wasserrolle vorzüglich brachte, Gluckvögel die ich vereinzelt angetroffen, waren wertlos. Es ist schade um diese herrlichen Touren. Die Kanarienzucht ist zumeist eine Erwerbsquelle. Man züchtet deshalb Vögel mit solchen Touren, die erfahrungsgemäß von der Nachzucht gut gebracht werden, die also den Züchtern am wenigsten Ausschuß liefern.

II. Die holländischen Rassen*)

unterscheiden sich von dem deutschen Kanarienvogel von vornherein in folgender Weise: Nahezu um ein Drittel größer, schlanker und hochbeiniger, sind diese Kanarien besonders durch verlängerte, weiche und gleichsam zerschlissene Federn an verschiedenen Körperteilen ausgezeichnet, und diese geben wiederum einen Beweis dafür, zu welchen Abweichungen vom Naturzustande die menschliche Züchtung führen kann. Die Muskeln der Beine sind dehnbarer, so daß der Vogel in sonderbar aufrechter Haltung, mit mehr oder minder gekrümmtem Rücken, emporgezogenen Schultern und wagrecht gehaltenem Kopf vor uns steht. Diese eigentümliche Haltung ist zugleich ein Zeichen der Echtheit. Erklärlicherweise zeigen sich die Holländer Kanarien auch zarter und weichlicher, sind leicher und öfter Erkrankungen unterworfen, nisten weniger

---

*) Die holländischen wie die englischen Kanarienvögel sind in diesem Buch nur in großen Zügen geschildert in der Absicht, auch zu ihrer Haltung und Züchtung anzuregen. Eingehendes über diese Vögel, ihre Haltung und Züchtung ist zu finden in dem sehr interessanten und lehrreichen Buch: „Die Farben- und Gestaltskanarien, nebst Beschreibung aller verschiedener Kanarienrassen, deren Entstehung, Form- und Farbeveränderung, Bastardzucht und Farbenfütterung von C. L. W. Noorduijn-Groningen. Mit 22 stichhaltigen Rassen-Abbildungen. Magdeburg, Creutz'sche Verlagsbuchhandlung 1905. Preis: 2 Mk., gebunden 2,60 Mk.

ergiebig und sicher als der gemeine deutsche Vogel und haben nicht im Entferntesten die volle Kraft und Schönheit des Gesangs der Harzer Kanarien. Dennoch sind sie hier und da recht geschätzt, preisen hoch (15—75 Mark für das Paar) und ihre Züchtung kann daher im Glücksfall recht einträglich werden. Die Geschichte dieser Kanarienvogel-Abänderung ist bis jetzt noch unbekannt; es steht nur fest, daß solche Vögel zuerst von Holland aus in den Handel gebracht wurden und etwa seit dem Jahr 1863 allgemein verbreitet sind. Ob sie aber zuerst dort oder in einem anderen Lande gezüchtet worden, ist nicht bekannt. Die ersten **Pariser** Kanarien (3 Männchen und 5 Weibchen), welche nach Berlin kamen, hat der verstorbene Haushofmeister Meyer im März 1848 von Straßburg mitgebracht. Er ließ sie nisten und kreuzte sie auch mit Harzer Vögeln. Da er aber bald sah, daß sie zur Zucht wenig taugten, dabei keinen guten Gesang sich aneignen wollten, so schaffte er sie schon nach wenigen Jahren wieder ab. Sie werden in Deutschland auch jetzt verhältnismäßig wenig gezüchtet. In Süddeutschland, besonders in München, Nürnberg und in Wien wird der Zucht der „Holländer" ein lebhafteres Interesse entgegengebracht, ebenso in der Schweiz. In Wien haben sich die Züchter dieser Vögel zu einem Verein zusammengetan. Gelegentlich einer Ausstellung des Vereins „Ornis" zu Berlin stellte genannter Verein ungefähr 100 Paar dieser interessanten

Vögel aus. Die Maße der holländischen Kanarien betragen: Länge 157 bis ca. 210 mm, Flügelbreite 266 bis 314 mm, Schwanz 78 bis ca. 90 mm.

Unterrassen der Holländer Vögel. Auch die Holländer teilt man wiederum in mehrere Unterrassen: 1. Die Pariser Trompeter, große schlanke Vögel welche von der Kehle über die Brust bis zur Bauchmitte hinab eine Krause („Jabot") von verlängerten Federn haben, und je buschiger diese, desto reinerer Rasse ist der Vogel; ebenso verlängern sich die Federn des Mantels derart, daß sie über die Oberflügel hinab sich kräuseln, weshalb man sie Epauletten nennt. Von ihnen und nicht etwa nach dem Gesang schreibt sich der Name Trompeter her. Wenn dieser Vogel außerordentlich zottig ist, so heißt er Lord-Mayor. 2. Der Frisé von Roubair ist etwas kleiner als der Pariser Trompeter mit weniger gekrümmtem Rücken, unvollkommener Brustkrause und ganz ohne Epauletten. Einige Liebhaber unterscheiden ihn als eine ganz bestimmte Rasse, andere halten ihn für einen Mischling der großen Pariser mit Vögeln anderer Rassen. In München, Wien und in der Schweiz hat man den dort gezüchteten Holländern ganz bestimmte feststehende Formen gegeben, sodaß wir 3) einen Münchener, 4) einen Wiener (Abb. 1.) und 5) einen Schweizer Holländer kennen. 6. Der Bossu ist zarter und schlanker als die Holländer, mit ungemein gekrümmtem Rücken und kleinem zierlichen Köpfchen, bei glatterer Befiederung mit nur angedeuteter Krause und ebenfalls ohne Epauletten. Je kleiner und zarter der Vogel, je gewölbter sein Rücken (von den Liebhabern „Katzenbuckel" genannt) bei der ihm durch ein Training beigebrachten absonderlichen Stellung ist und je schneller er diese Stellung einnimmt, desto wertvoller ist er.

Von diesen 6 Holländern nisten die großen Pariser Vögel am wenigsten sicher, indem sie meistens nur ein Viertel ihrer

Abb. 1. Wiener Holländer Kanarienvogel.

Jungen glücklich aufbringen. Die andern sollen bessere Zucht=
ergebnisse liefern. Das behaupten wenigstens die meisten Züchter
dieser Vögel. Auch ist bei ihrer Zucht immer sorgfältig
darauf zu achten, daß die Rasse rein erhalten und daß sie
durch Beschaffung von neuen Männchen oder Weibchen von
Zeit zu Zeit aufgefrischt werden, weil die Vögel sonst leicht
entarten.

Herr L. van der Snict in Brüssel gibt eine abweichende
Schilderung und zwar in folgendem:

Der **belgische Kanarienvogel** (Serin belge, Belgian
Canary, Postuur vogels, grote gentsche vogels) ist von
sehr alter Rasse. Wohl seit hundert Jahren bestehen in Gent,
Brügge, Brüssel Antwerpen u. a. Städten Vereine, welche
alljährlich mehr oder minder große Preise auf den Ausstel=
lungen ausschreiben. Ein guter Vogel dieser Rasse muß
sehr lang und hochbeinig sein; Kopf klein, Hals lang, Schul=
tern hoch; Kopf, Hals und Schultern müssen eine horizontale
Linie bilden, was dem Vogel ein geierartiges Aussehen gibt;
ebenso müssen Schultern, Rücken und Schwanz wiederum in
gerader vertikaler Linie stehen, so daß der Schwanz an der
Stange, auf welche der Vogel steht, anliegt, doch darf er nicht
gegen diese drücken; ein gekrümmter Rücken ist fehlerhaft.
Die Brust muß stark sein und von dieser bis zur Schwanz=
spitze muß der Leib sich regelmäßig allmählich verschmälern,
so daß der Körper förmlich einen gleichmäßigen nach unten spitz
zulaufenden Keil bildet (selbstverständlich abgesehen von den
Beinen). Wichtig ist, daß es dem Vogel nicht an einem
kräftigen Unterleib fehle. Der Schwanz muß sehr lang und
schmal sein und darf sich am Unterleib nicht verbreitern. Die
Beine müssen sich vom Körper kräftig abheben und eine gerade
Linie bilden; wenn das Gelenk nach vorn überschlägt, anstatt
nach hinten, was sehr häufig vorkommt, so ist das kein Fehler,
solange der Vogel von dieser Stellung nicht Mißbrauch macht.
Die ganze Besiederung muß glatt sein; eine einzige Feder,

welche sich umdreht, gilt als großer Fehler. Man teilt diese
Vögel in gelbe und weiße; die ersteren sind immer etwas
schlanker mit durchaus glatt anliegenden Federn, die letzteren
sind gröber und weicher befiedert. Sie werden auf den Aus=
stellungen in zwei Klassen prämiiert. Es gibt übrigens auch
gefleckte Vögel, welche jedoch geringeren Wert haben. Bei der
Züchtung paart man stets gelb mit weiß und umgekehrt. Die
feinsten dieser Vögel sind sehr zart und weichlich. Man nimmt
ihnen daher gewöhnlich die Eier fort und läßt sie von anderen
gemeinen Vögeln ausbrüten. Als solche Pflegerinnen hat man
meistens die Kanarien von Mecheln (Serin de Malines), eine
Spielart, welche man hier des Gesangs wegen hält und die
zuweilen in sehr dunklen Stücken vorkommt. Die Zucht der
feinsten belgischen Vögel ist sehr unsicher. Erfahrene Liebhaber,
welche seit 20—30 Jahren Hecken von 40—60 Paar halten,
züchten manchmal in zwei bis drei Jahren keine 20 Jungen.
Dagegen geschieht es wohl, daß ein Anfänger mit solcher Zucht
in einem einzigen Jahre ein kleines Vermögen erwirbt. Tadel=
lose Vögel finden immer Abnehmer zu sehr hohen Preisen;
man bezahlt mittlere mit 50 Mark, die besseren und besten
mit 100—400 Mark das Paar. Die meisten belgischen
Kanarien, welche in England auf den großen Ausstellungen
mit staunenswert hohen Preisen in den Katalogen stehen, sind
hier gezüchtet. Man hüte sich übrigens, dieselben in die Hand
zu nehmen. Will man sie aus einem Käfig in den andern
versetzen, so hält man jenen bereit und jagt sie mit einer
kleinen Rute hinein. Die Zucht wird meistens paarweise be=
trieben, jedes Pärchen in einem Käfig für sich. Erst im
vierten Jahr pflegt ein solcher Vogel seine ganze Schönheit
entfaltet zu haben. Übrigens fürchte ich sehr, daß die belgische
Rasse, wenn man ihr kein neues Blut zuzuführen vermag,
über kurz oder lang völlig ausartet, so daß diese Vögel trotz
der unglaublich hohen Summen, welche man für sie bezahlt,
aussterben werden.

Hier kennen wir übrigens keinen Unterschied zwischen Brabanter und Brüsseler Vögeln (Brüssel ist ja die Hauptstadt von Brabant), wohl aber unterscheidet man die **Holländer Kanarienvögel**, so genannt, weil sie in Holland unbekannt sind. Ich habe auf der Ausstellung in 'sGravenhage einige schlechte Exemplare gefunden, welche dort unter der Bezeichnung Pariser Kanarien vorhanden waren. Im Gegensatz dazu werden dieselben aber in Paris Serins hollandais genannt; der Vogel ist und bleibt jedoch immer le serin frisé Es scheint eine neue Rasse zu sein, welche sich von Jahr zu Jahr und immer mehr ausbildet. Ihre Heimat ist die Provinz Hainaut und Nordfrankreich, aber seit einigen Jahren hat sie sich über ganz Frankreich verbreitet. Der Holländer Kanarienvogel ist größer, kräftiger und gröber als der Belgier. Er ist sehr langbeinig; der Körper muß so lang als möglich und gerade ausgestreckt sein. Er trägt verlängerte Federn, welche sich kräuseln, wenn der Vogel aufgeregt ist. Rouleau oder Shawl sind verlängerte Federn, die auf dem Rücken stehen und nach beiden Seiten herabfallen; das Jabot besteht aus den langen Brustfedern, die Federn des Rouleau scheiden sich in der Mitte, kräuseln sich nach rechts und links, und so kommen ihre Spitzen mit denen des Jabot zusammen. Unter den letzteren nehmen eine Reihe von Federn wiederum eine andere Richtung und umfassen beide Flügel. Diese nennt man les flanquarts. Vom Bürzel kommen auch noch einige lange Federn, welche an beiden Seiten zwischen Beinen und Schwanz herunterhängen. Dies sind les étendards. Die Holländer Vögel werden in weiße, gelbe und isabellene, weißgelb- und isabellbunte eingeteilt. Die weißen sind groß, grob und stark befiedert, die gelben erscheinen schlanker, länger, ihre Federn sind spitzer und glatter angedrückt; die isabellfarbenen sind kleiner und schwächer, auch seltener Die Stimme dieser Vögel ist sehr verschieden, indem einige ein klangvolles und langes Lied vortragen, während andere und zwar meistens die schönsten, welche am deutlichsten die Eigentümlichkeiten der Rasse zeigen, nur einen einzigen groben Ton von sich geben, um dessentwillen man sie wohl Trompeter nennen wird. Seit einigen Jahren suchen die eifrigsten Liebhaber und Züchter ihrem Holländer Vogel durch Kreuzung mit der belgischen Rasse eine bessere Haltung (pose) zu geben. Pietinards nennt man Vögel, welche, wenn aufgeregt, mit ausgestreckten Beinen auf ihrer Stange trampeln, und diese sind sehr gesucht. Im übrigen sind die Holländer Vögel lebhaft, eifersüchtig, doch einfältig. Man kann viele Junge züchten, wenn man ein Männchen mit zwei Weibchen zusammengibt und es so einrichtet, daß man das Männchen zeitweise ganz entfernt. Wenn ein Weibchen fest brütet und das Männchen singen hört, so wird es meistens Nest und Eier liegen lassen und herzueilen.

III. Die englischen Kanarienvögel.*)

Meine Leser haben bis hierher den Harzer Kanarienvogel in seiner schlichten äußern Erscheinung, dabei aber in seinem mannigfaltigen, herrlichen Gesange kennen gelernt, ebenso den gemeinen deutschen Kanarienvogel, dessen Gesang keinen Wert hat, der aber nicht selten in großer Schönheit der Farben und Zeichnungen gezüchtet wird; sie kennen schließlich die mehr wunderlich, als anmutig gestalteten verschiedenen Holländer Kanarien. Wir können am zweckmäßigsten die Kanarien als Gesang=, Farben= und Gestalt=Vögel unterscheiden. Da

---

*) Siehe die Anmerkung auf S. 47.

kommt nun noch eine Gruppe hinzu, welche in ihrer Absonderlichkeit wohl billig unsere Verwunderung erregt. Wir sehen einen Vogel, der am ganzen Körper einfarbig rein dunkel orange- oder rotgelb, etwa postrot, erscheint und der, im Gegensatz zu dem hochgelben von deutscher Rasse oder gar dem weißlichgelben Harzer, uns lebhaft genug ins Auge fällt, zumal wenn wir hören, daß seine Färbung durch Fütterung mit rotem Kayennepfeffer künstlich hervorgebracht ist. Da eröffnet sich unserer Züchtung wohl eine ganz neue Welt; die Phantasie zaubert uns Vögel vor, welche nicht allein mit Pfeffer orange, sondern auch mit Indigo blau, mit anderen Farbstoffen grün, dunkelrot, schwarz, kurz und gut in allen möglichen Farben willkürlich zu färben sind. Halten wir uns aber nur an die zunächst sich ergebende Wirklichkeit, so finden wir auch an ihr schon Ursache genug zum Staunen.

Die englischen Kanarien wurden zuerst im Jahre 1877 von Herrn Aug. F. Wiener in London in 13 Köpfen zur Vogelausstellung nach Berlin gesandt und dann im Jahre 1879 zu der großen Ausstellung des Vereins „Ornis" von den Herren Clark & Komp. in London in nahezu 60 Köpfen. Sie zerfallen in zahlreiche Unterrassen, deren haupthauptsächlichste

der Norwich-Vogel ist. Er gleicht in der Gestalt dem Harzer, ist jedoch etwas kräftiger und gedrungener gebaut, auch ein wenig größer. Die Farbe bleibt, selbst wenn sie in mannigfaltigen Schattierungen und Zeichnungen wechselt, immer ein tiefes gesättigtes Gelb. Der orangerote Ton wird, wie gesagt, durch die Fütterung mit Kayennepfeffer erzielt. Ein besondres Merkzeichen ist, daß die Färbung, also das Gelb am ganzen Körper, auch am Unterleib gleichmäßig kräftig erscheint. Die Bewegungen sind lebhaft und der Gesang wird mit lobenswertem Eifer vorgetragen, doch verdient derselbe wohl kaum den Namen, wenigstens nicht im Vergleich zu dem des edlen deutschen Vogels. Der Preis beträgt im allgemeinen 30—40 Mk. für das Paar und 20—30 Mk. für das einzelne Männchen je nach seiner Schönheit.

Der Norwich-Vogel in seiner ursprünglichen Gestalt vor der Fütterung mit Pfeffer, also der reingelbe Norwich-Vogel (Clear yellow natural Norwich) ist in England seit langer Zeit sehr beliebt. Sein Preis steht sogar noch etwas höher als der des pfefferfarbenen und seine Zucht wird mit außerordentlicher Sorgfalt betrieben. Gleichviel, ob einfarbig gelb oder in mancherlei Zeichnungen, mit oder ohne Haube, immer wird dieselbe nach den Grundsätzen der hier weiterhin geschilderten ‚Durchzucht' ausgeführt und nur, wenn die Zuchtvögel durch so und so viele Geschlechtsreihen rein erhalten, wenn sie also, wie der englische Kunstausdruck lautet, ‚Farbe im Blut haben', läßt sich wertvolle Nachzucht erzielen. Gleiches kommt bei der Züchtung der Pfefferfarbenen zur Geltung. — Der rein dunkelgelbe Norwich-Vogel (Clear yellow Norwich) ist einfarbig tief orangegelb und seine Erscheinung dünkt uns so absonderlich, daß wir es wohl erklärlich finden, wenn er es vorzugsweise oder eigentlich allein ist, dem sich die Liebhaberei in Deutschland bisher zugewendet hatte. Preis wie oben im allgemeinen angegeben. — Der ebenfalls rein-, aber heller gelbe Norwich-Vogel (Clear buff Norwich) ist dem vorigen gleich, nur eben in der Färbung bemerkbar heller und zugleich mit einem weißlichen Schein des Gefieders. Auch er erscheint sehr hübsch, doch findet er bei unseren Liebhabern erst wenig Anklang. Preis übereinstimmend. — Der gleichmäßig gezeichnete hellgelbe Norwich=Vogel (Evenly marked buff Norwich) von heller gelber Farbe mit ganz regelmäßigen Abzeichen; einem schönen schwarzbraunen Streif durchs Auge ober= und unterhalb desselben vom Nasenloch bis zur Wange, und gleicher, sehr ebenmäßiger Schwalbenzeichnung der Flügel; die großen Schwungfedern sind reinweiß, zart gelblich gesäumt die mittleren und kleinen Schwingen schwarzbraun. Diese und ähnliche sorgsam gezüchteten Vögel kommen natürlich in sehr mannigfaltigen Abänderungen vor. — Die gehäubten Norwich=Vögel (Crested Norwich) (Abb. 2) werden nicht minder vielfältig gezogen, sowohl in Naturfarbe dunkel= und hellgelb, wie auch mit dunkler oder heller Haube und zugleich in allen möglichen Zeichnungen. So sehen wir eine Reihe feststehend gezüchteter, überaus beliebter Vögel vor uns; Ein Variegated crested buff ist hell gefärbt, prächtig dunkel gehäubt, mit grauem Nacken und Mantel, zwischen beiden aber mit breitem hellen Querstreif, mit dunkler Schwalbenzeichnung und gleichen Schwingen, zwischen letzteren und dem Mantel wiederum mit breiter heller, nach dem Nacken hin spitz zulaufender Binde, an Wangen und ganzer Unterseite einfarbig rötlichgelb. Ein anderer, Variegated crested yellow, zeigt die ebenso schöne Haube und den Nacken dunkel, den ganzen Rücken pfefferrotgelb, die großen Schwingen reinweiß, die mittleren und kleinen schwarz; Gesicht, Kehle und Vorderhals sind rotgelb, Oberbrust bis zum Bauch bräunlich schwarz geflammt und der Unterleib ist wieder rötlichgelb gefleckt. Ähnliche Vögel könnte ich noch in vielfacher Abwechslung beschreiben, doch sind die gegebenen ausreichend, da wir in ihnen ja einen vollständigen Überblick der Norwichrasse vor uns haben. Der Preis für die gehäubten Norwichs ist etwas höher und beträgt zwischen 30—150 Mark für das Pärchen. Die Haube muß übrigens groß, durchaus gleichmäßig, übers Auge herabhängend und in der Mitte tief gekräuselt sein, ohne jedoch eine kahle Stelle sehen zu lassen. Ihre Farbe ist ent-

Abb. 2. Gehäubte Norwich-Vögel.

weder hell- oder dunkelgelb, der Färbung des Vogels gleich, grau, weniger wertvoll grau und gelb gemischt, am wertvollsten aber tief dunkelgrau, fast schwarz.

Der **Riesenkanarienvogel von Manchester** oder die **Lankashirerasse** (Manchester Coppy) ist in der höchsten Ausbildung etwa von der doppelten Größe eines Harzer Männchens, bis 210 mm lang und kommt nur in weißgelber oder gelber Färbung, aber auch dunkelgefleckt vor; an Flügel- und Schwanzspitzen ist er reinweiß. Er kommt glattköpfig und gehäubt vor, doch ist seine Haube bei weitem nicht so groß und tief über die Augen hinabreichend, wie bei den Norwichvögeln; sie erstreckt sich eigentlich nur über Stirn und Vorderkopf und läßt den Hinterkopf ganz unberührt; selbstverständlich muß sie gleichmäßig und zierlich sein. Der Körper ist schlank und gestreckt, die Füße sind hoch und der Schwanz ist auffallend lang, das ganze Gefieder ist ziemlich glatt anliegend und ohne irgendwelche gekränselten Federn. Nach den Anschauungen der englischen Liebhaber hat ein tadelloser Manchester Coppy einen Wert, zu welchem der aller übrigen Kanarienvögel in gar keinem Verhältnis steht. Der von Herrn Wiener zur Ausstellung nach Berlin gesandte Vogel, welcher freilich bis dahin schon auf neun Ausstellungen stets den ersten Preis errungen, war mit 212 Mark verzeichnet und die Preise der übrigen wechselten zwischen 75—80 Mark für das Männchen und 30—45 Mark für das Weibchen.

Die **Yorkshire-Rasse** unterscheidet sich von allen anderen durch den überaus langgestreckten, schlanken, glattbefiederten Körper, Länge 170 mm. Es ist im allgemeinen ein sanftes, nur leise singendes Vögelchen. Seine verschiedenen Farbenvarietäten gleichen den vorhin beschriebenen der Norwichrasse, vom naturfarbnen bis zum pfefferfarbnen Vogel in aller Mannigfaltigkeit und mit allen Zeichnungen. Sehr beliebt ist der reingelbe (Clear yellow), der hellgelbe (Clear buff) und der reingrüne (Green Yorkshire); letzterer soll am ganzen Körper einfarbig grün, mehr oder minder dunkel sein, mit schwärzlichem Stirn-, Augenbrauen-, Bart- und Nackenstreif, auf Mantel und Rücken fein schwärzlich schaftstreifig, Schwingen und Schwanzfedern tief schwarz mit breiten grünen Außensäumen. Die Preise der Vögel dieser Rassen wechseln sehr, von 15—30 Mark für den Kopf. Es werden aber auch noch viel höhere Preise gezahlt.

Der **schottische Kanarienvogel** (Scotch Fancy) war ursprünglich ein schlanker, halbmondförmig gestalteter Vogel, der hauptsächlich in Glasgow gezüchtet wurde und deshalb den Namen Glasgow Don führte. Er ist etwa 165 mm lang. Im Laufe der Jahre hat sich dieser Vogel infolge von Kreuzung mit holländischen Vögeln besonders dem „Possu" in Größe und Gestalt verändert. Flügel und Schwanz wurden länger, die Schulterform veränderte sich und der von dem Glasgow Don aufrecht getragene Kopf wird bei dem Scotch Fancy kleiner und mehr vorgestreckt getragen, seine Länge beträgt 190—200 mm. Es werden aber auch jetzt noch neben der Scotch Fancy die Glasgow Dons gezüchtet.

Interessante englische Farbenvögel sind die **eidechsenartig gestreiften Kanarien** oder **Lizards**, deren besonderes Abzeichen zunächst eine große reingelbe Kopfplatte ist, welche sich vom Oberschnabel und den Nasenlöchern oberhalb des Auges bis zum Hinterkopf erstreckt; Wangen, Kehle, Nacken und Oberbrust sind mehr oder minder rein bräunlichgelb, der übrige Körper aber, namentlich Mantel, Brust und Bauchseiten, erscheinen eidechsenartig gestreift oder richtiger gesagt geschuppt. Jede Feder ist schwarz oder doch dunkelbraun, aber sehr breit fahl- bis reinweiß gesäumt, auch die großen Schwingen und Schwanzfedern; der Unterleib, die oberen und unteren Schwanzdecken sind weißgrünlich bis bräunlichgelb in der Schattierung des ganzen Körpers. Ein solcher Lizard ist eine anmutige Erscheinung und nach meinem Urteil feiert gerade ihm gegenüber die sachkundige Farbenzüchtung den größten Triumph. Es gehört außerordentliche Ausdauer dazu, um auf dem Wege der „Durchzucht" gleichmäßig schöne Eidechsen-Kanarien zu erzielen. Man unterscheidet den **Goldlizard** (Goldenspangled Lizard) mit schön dunkelgelbem Ton und den **Silberlizard** (Silver-spangled Lizard) mit weißgelbem

Grundton im Gefieder. Die Preise stehen auf 30 Mark für den Kopf und 50 Mark für das Paar.

Die **Londoner Russe** (London Fancy) (Abb. 3) erscheint sehr klein und zart, beträchtlich unter der Größe des Harzer

Abb. 3. London Fancy.

Vogels und kommt ebenfalls in den verschiedensten Farbenschattierungen von weiß bis hochgelb und ebenso mit dem Pfefferfarbenton vor. Ihre beliebteste Zeichnung ist die bekannte sog. Schwalbe, bei welcher das Schwarz rein oder doch ein tiefdunkles Braun sein muß; zuweilen ist die allererste Schwinge reinweiß, was sich ebenfalls recht schön macht; die großen Flügeldecken sind wie die Schultern tiefgelb, die kleinen Flügeldecken am dunkelsten schwarz oder braun, doch werden sie von dem Gelb so verdeckt, daß die Schwalbenzeichnung durchaus gleichmäßig sich zeigt. Der dunkle Augenbrauen- und Augenstreif fehlt durchaus. Leider bleicht die schöne Schwalbenzeichnung nur zu bald zum hellen, schimmeligen Ton aus oder sie wird mit grau und weiß gemischt, also gefleckt. Im allgemeinen kann man annehmen, daß ein wertvoller Ausstellungsvogel höchstens zwei Jahre, meistens nicht solange, in voller Schönheit ausdauert. Wenn er dann aber auch seinen Wert, welcher zwischen 50 und 80 Mark und darüber beträgt, verloren, so behält er ihn doch für den Züchter, denn er bleibt zur Erlangung tabelloser Nachzucht tauglich. Ihn zu erzielen kann natürlich nur in der sorgsamsten Durchzucht erreicht werden.

Der **Border-Fancy** ist aus Kreuzungen des deutschen Kanarienvogels mit Norwich- und Yorkshirevögeln hervorgegangen. Von ersteren haben sie schöne hochgelbe bis orangegelbe Färbung, von letzterer Rasse die schlanke schöne Gestalt und das glatt anliegende Gefieder. Er ist etwa 145 mm lang und wohl der beste Züchtungsvogel der englischen Rassen. Er kommt in allen bekannten Färbungen und Zeichnungen vor. (Abb. 4.)

Die **zimmtbraunen Kanarien** (Cinnamons) zeichnen sich durch den tief zimmtbraunen Ton des Gefieders aus. Man kann sie schwerlich als eine einheitliche Farbenrasse anerkennen, denn sie kommen bei allen Rassen des Kanarienvogels vor. Der hellbräunlich zimmtfarbene Vogel (Buff Cinnamon) zeigt das reine tiefe Isabellbraun, während der

Abb. 4. Border fancy.

dunkelbräunlich zimmtfarbene Vogel (Jonque Cinnamon) feinen rötlichen Ton in der Färbung hat. Eine schöne Eigen=

tümlichkeit dieser Vögel ist, daß sie im ganzen Gefieder unter=
wie oberseits durchaus gleichmäßig gefärbt erscheinen. Auch
bei ihnen erlangt man alle bisher beschriebenen Zeichnungen,
von dem Streif durchs Auge bis zur vollen „Schwalbe", glatt=
köpfig und gehäubt, und auch sie werden mit dem roten Pfeffer=
farbenton gezüchtet. Der tadellose Cinnamon muß aber, gleich=
viel in welcher Schattierung und Zeichnung stets gleichmäßig
den braunen Ton haben. Preis 30—40 Mark für das
Pärchen und 25—35 Mark für den einzelnen guten Vogel,
aber auch noch viel höher.

Dies ist die Schilderung der hervorragendsten englischen
Kanarienvögel. Allerdings gibt es noch mancherlei andere
Rassen, doch sind dieselben für uns ohne Bedeutung. Erwähnt
seien nur noch die Vögel, welche als Mealy (Mehlfarbene)
bezeichnet werden; es sind wie bestäubt oder ausgeblichen aus=
sehende Buff= (hell= oder fahlgelbe) Vögel der verschiedenen
beschriebenen Rassen.

Das Verfahren der englischen Farbenzüchtung ist folgendes:
Sobald die Mauser naht, also im Alter von 6—8 Wochen,
werden die jungen Vögel in ähnlicher Weise abge=
sondert, wie bei uns die jungen Harzer Sänger, jeder
kommt für sich in einen Käfig. Gewöhnlich ist jeder Käfig
schwarz lackiert und mit Goldleisten verziert. Wie unsere
Harzer werden auch diese jungen Vögel verdeckt, aber nicht
mit Linnen oder anderem leichten Zeug, sondern mit schweren
Decken, sodaß das Tageslicht abgewehrt ist.

Der zur Herstellung des Pfefferfutters verwendete
Kayennepfeffer ist für die menschliche Zunge völlig geschmacklos.
Ihm ist durch ein chemisches Verfahren jede Schärfe ge=
nommen. Das Futtergemisch wird in der Weise hergestellt, daß
man einen gehäuften Teelöffel voll besten, frischen roten
Kayennepfeffers, fein gepulvert, mit einem ganzen hart ge=
kochten, sehr fein zerriebenen Hühnerei und gleicher Menge

von süßem Biskuit und etwas fein gestoßenen Zucker sorgfältig zusammenmischt und zwar, indem man das Gebäck schwach anfeuchtet, den Pfeffer vorsichtig daruntermischt, und schließlich das geriebene Ei, sodaß ein krümeliges aber keinesfalls schmieriges Gemenge entsteht. Es wird dann in allmählich zunehmender Menge den erwachsenen jungen Vögeln gereicht. Nach der Mauser wird es wieder vermindert. Andere Züchter geben es schon dem alten Paare, wenn es brütet, so daß es schon als Aufzuchtsfutter den Jungen verabreicht wird. Die deutschen Züchter verwenden anstatt des Biskuits meistens Eierbrot. Von dem Gemisch, welches die Vögel gern annehmen, gibt man ihnen anfangs wenig, allmählich mehr und zuletzt soviel, wie sie irgend fressen wollen, während man die Körnernahrung vermindert. Zugleich müssen sie äußerst sauber gehalten, gegen jegliche Beschmutzung und Beschädigung der Federn, sowie vor dem unmittelbaren Einfluß der Sonnenstrahlen bewahrt werden. Übrigens färben sich keineswegs alle jungen Vögel in gleicher Weise rot, sondern nur die besten, bei denen der Farbstoff, wie die englischen Züchter sagen, bereits „im Blute liegt". Im allgemeinen erfreuen die englischen Farbenkanarien sich bei uns nicht des Beifalls, den sie verdienen, nur der rein dunkelpfefferrote Norwich=Vogel hat es, wie oben bereits gesagt, zu einiger Beliebtheit gebracht. Man sollte ihnen viel mehr Aufmerksamkeit zuwenden. Es sind durchgehends prachtvolle Tiere, die jeden, der sie einmal gesehen, interessieren müssen. Es darf als ein anregender und interessanter Versuch betrachtet werden, die Farbenkanarien in voller Schönheit zu erzielen, und schön sind sie in der Tat.

Handel.

Absatz und Bedarf. Es ist bekannt, daß in Deutschland außerordentlich viele Kanarienvögel gezogen und in sehr bedeutender und immer zunehmender Anzahl nach fremden Ländern ausgeführt werden. Wennschon es mißlich erscheint, ohne sichere Gewähr bestimmte Zahlen anzugeben, so dürfte doch die mehrfach aufgestellte Behauptung der Wahrheit nicht zu fern stehen, daß in ganz Deutschland gegenwärtig zwischen 6= bis 800,000 Kanarien alljährlich gezüchtet werden. In St. Andreasberg allein wurden 10= bis 15,000 Männchen gezüchtet und ausgeführt. Hauptsächlich werden Kanarienvögel in Sachsen, Hannover, Thüringen und verschiedenen anderen Teilen Deutschlands, auch in Berlin, ferner in Belgien und der Schweiz gezüchtet, während Tirol ganz zurücksteht.

In überseeischen Ländern wird die Zucht unseres Kanarienvogels nicht in bedeutenderem Umfang betrieben. Bei unserem lebhaften Interesse für Ostasien ist zu erwähnen, daß China der Zucht einige Aufmerksamkeit schenkt. Eine diesbezügliche Schilderung aus der Feder des bekannten Chinakenners E. M. Köhler befindet sich im Anhang.

Die umfangreichste Ausfuhr betreibt der Großhändler C. Reiche in Ahlfeld bei Hannover, dessen Geschäftsbetrieb im Anhang geschildert ist. Außer einigen anderen, minder bedeutenden Großhändlern, welche gleich ihm nach Nord= und Südamerika, England, Rußland und anderen Ländern Kanarien ausführen, kaufen eine bedeutende Zahl von Händlern zweiter Hand alljährlich Kanarienvögel in beträchtlicher

Anzahl auf, um sie einzeln an Liebhaber weit und breit hin durch Deutschland und durch ganz Europa zu versenden. Die außerordentliche Entwicklung, zu welcher in den letzten Jahrzehnten die Liebhaberei für Kanarienvögel, die Zucht derselben und damit der Handel gelangt ist, vermittelte im wesentlichen meine Zeitschrift „Die gefiederte Welt",*) sowie mehrere Zeitschriften, welche sich ausschließlich mit der Kanarienvogel-Liebhaberei und -Zucht beschäftigen. Auch die Zeitschriften auf dem Gebiet der Geflügelzucht bringen wenigstens gelegentlich hierher bezügliche Mitteilungen. Seitdem die erstere vornämlich durch die Darstellungen des Herrn Kontrolleur W. Böcker in Wetzlar und verschiedener anderer Züchter, die Neigung für den herrlichen Sänger in die weitesten Kreise getragen, hat sich zunächst die Züchtung im Harz bedeutend gehoben, ist sodann die Zucht außerhalb desselben sehr verbreitet und hat ferner der Handel mit Kanarienvögeln einen bedeutenden Aufschwung genommen.

Bedenken wir, daß alle Kanarien, welche in Deutschland gezüchtet werden, reißenden Absatz finden und immer bald vergriffen sind, so daß man mit gutem Recht annehmen könnte, eine viel größere, ja vielleicht die vielfache Anzahl würde ebenfalls noch zu denselben Preisen aufgekauft werden — so muß

---

*) Berlin, seit d. J. 1872; jetzt Verlag der Creutz'schen Verlagsbuchhandlung in Magdeburg.

es doch wohl einleuchtend erscheinen, daß die Zucht des Kanarienvogels, bei richtigem und glücklichem Betriebe, außerordentlich vorteilhaft und einträglich werden kann. Möchte diese Anregung dazu dienen, daß man allenthalben noch viel mehr der Kanarienvogelzucht (und der Züchtung von Stubenvögeln überhaupt)*) sich zuwende! Und um derselben, wenn möglich zu immer reicheren Erträgen zu verhelfen, habe ich in den nun folgenden Abschnitten alle bisher gewonnenen und kundgewordenen Erfahrungen kurz und übersichtlich zusammengefaßt.

Einkauf. Über den gemeinen Kanarienvogel ist in dieser Hinsicht wenig zu sagen. Man findet ihn überall und der mehr oder minder gellende Gesang läßt nicht viele Erwägungen zu. Etwas anderes ist es mit den sorgsam gezüchteten Farbenvögeln; die Liebhaberei für dieselben erfreut sich zwar keiner sehr großen Verbreitung, und die feinsten und kostbarsten Vögel sind immer nur schwierig zu erlangen, allein sie sind doch hier und da ungemein beliebt. Bei ihnen, wie bei allen anderen bietet der Anzeigenteil der Zeitschrift „Die Gefiederte Welt" einen ergiebigen Markt. Inbetreff der Holländer

---

*) Sachgemäße Anleitung für die letztere gewährt Dr. Karl Ruß „Handbuch für Vogelliebhaber", I. Teil ‚Die fremdländischen Stubenvögel' und II. Teil ‚Die einheimischen Stubenvögel'; Magdeburg, Creutz'sche Verlagsbuchhandlung.

Kanarien in allen ihren Spielarten halte man sich an die Seite 47 ff. gegebene Darstellung. Gute Quellen für den Bezug sind außer deutschen Züchtern und Händlern Herr L. van der Snickt in Brüssel, Jean Delcroix in Roubaix und Vogel- und Geflügelhändler Donny-Sapin in Brügge. Die englischen Farbenkanarien bezieht man aus englischen Züchtereien (London, Norwich), von den dortigen Großhändlern und von hiesigen Vogelhändlern. Die in Deutschland gezogenen werden gelegentlich in der genannten Zeitschrift ausgeboten.

Der Einkauf der edlen Kanarienvögel bedarf eingehender Erörterung und wir wollen ihn daher nach allen Seiten hin überblicken. Wenn früher die Großhändler kauften, so schickten sie ihre Leute nach den Städten des Harzes, insbesondere nach St. Andreasberg, Duderstadt, Worbis, Roßla und den umliegenden Flecken, kleinere Händler pflegten alljährlich persönlich dorthin zu reisen. Jetzt haben sich die Verhältnisse geändert. Seitdem man gesehen hat, daß die Kanarienzucht eine Einnahme- und Erwerbsquelle von nicht zu unterschätzender Bedeutung ist, befaßt man sich allenthalben in Deutschland mit der Zucht. Und so stellen sich denn die Aufkäufer überall da ein, wo sie wissen, daß gute Vögel gezüchtet werden und in größerer Zahl verkäuflich sind. Die Städte des Harzes haben längst aufgehört, den Kanarienvogelmarkt zu beherrschen.

Im allgemeinen sind die Vögel schon immer feststehend vergeben, und die namhaften Händler beziehen fast sämtlich seit einer langen Reihe von Jahren die Vögel stets von denselben mehr oder minder vorzüglichen ‚Stämmen'. Es ist im Harz üblich, daß die ‚gefiederte Ware' bereits im Frühjahr, also bevor sie überhaupt vorhanden ist, behandelt, wenigstens zum Teil vorausbezahlt und dann gegen den Oktober hin oder zu Anfang dieses Monats abgeholt wird. In dieser Zeit werden alle jungen Vögel zusammengekauft, gleichviel ob dieselben brauchbar sind oder nicht. Unter derartigen Verhältnissen leidet die Zucht sehr. Die Ursachen werde ich an anderer Stelle erörtern. Früher kamen die Händler in jedem Jahr dreimal und zwar zuerst gegen die Mitte Novembers (Martini), dann im zweiten Drittel des Dezember (Weihnachten) und schließlich noch einmal im Februar (Lichtmeß) zur Auswahl und Abholung der Vögel. Die jungen Hähnchen werden meistens an Ort und Stelle sogleich ‚abgehört'. Deshalb eben reisen die Genannten immer selbst dorthin, um ihre Vögel in Empfang zu nehmen. Für andere Käufer, Händler und Privatliebhaber wird das Geschäft des ‚Abhörens' durch Personen besorgt, welche dies als Gewerbe betrachten und ‚Ausstecker' heißen. Dieselben übernehmen zugleich das ‚Sortieren' der jungen Vögel, d. h. die Auswahl und Unterscheidung derselben nach Geschlecht, Farbe und Wert überhaupt. (Die Leser wollen auch weiterhin in den Abschnitten ‚Abhören' und ‚Erkennung der Geschlechter' nachlesen.) Durch Besichtigung des Unterleibes ermitteln sie zugleich die Art und Weise der Fütterung, mit welcher der Vogel bisher versorgt worden: wenigstens lassen sich nach dem Aussehen allgemeine Schlüsse ziehen. Sommerrübsen und Eifutter geben gelbes Fleisch (Fett), Semmel und Kanariensamen dagegen weißes — und dies zu wissen ist wichtig, da es durchaus nötig erscheint, daß man die bisherige Fütterung der Vögel, welche man kaufen will, kenne. Große Behutsamkeit erfordern die ‚Schimmelvögel'. Diese haben auf Scheitel, Brust und Rücken viel weiß, die Spitzen der Federn entbehren nämlich der dem Männchen eigentümlichen, gelben Färbung; auch der Halsring besonders am Oberhalse sieht sich an wie der eines Weibchens; man erkennt diese Männchen nur an der lebhaft gefärbten gelben Stirn. Im Gegensatz zu den ‚Schimmelvögeln' zeigen die übrigen jungen und alten Hähne eine sehr lebhafte, gleichmäßig gelbe Färbung des ganzen Kopfes, selbst bei sonst matter Färbung des Gefieders; ein weißgrauer Fleck auf dem Scheitel, sei er auch noch so klein, ist bei diesen Vögeln das Kennzeichen des Weibchens. Ein ‚Ausstecker' erhält für den Tag 6 bis 7,50 Mark Entschädigung.

Hervorragende Kenner des Kanarienvogelgesangs

übernehmen das ‚Abhören' der Vögel aus Liebhaberei und zum Vergnügen, für die Händler. Sie beurteilen jeden einzelnen Vogel nach den zartesten Schattierungen seines Gesangs in mannigfaltiger Abstufung und bezeichnen die Reihenfolge des Wertes. Die Herren Haushofmeister Meyer in Berlin, Kunze in Charlottenburg u. A. hörten in dieser Weise in jedem Spätherbst Hunderte von Vögeln ab; Kunze früher allein etwa 800 bis 1000 Köpfe.

Für den Einkauf eines Harzer Kanarienvogels von seiten eines Liebhabers gebe ich folgende Anleitung. Man kaufe nur immer von zuverlässiger Hand an, von einem Händler oder Züchter, welcher nicht allein durchaus rechtschaffen ist, sondern auch zugleich die volle Kenntnis des Vogels und seiner Lebensbedingungen besitzt. Der Käufer muß wissen, ob er einen alten oder einen noch jungen Vogel erhält und welche Verpflegung derselbe bisher genossen hat. Zuerst muß er genau in der letzteren fortfahren und den Vogel, wenn nötig, allmählich an die richtige Ernährung, wie dieselbe weiterhin im Abschnitt ‚Fütterung' vorgeschrieben ist, gewöhnen. Dies geschieht, indem man nach und nach immer mehr die zuträglichen Futtermittel unter die mischt, welche der Vogel bisher erhalten, während man letztere immer knapper bemißt. Zweifellos gehen unzählige von auswärtigen Liebhabern angekaufte gute

Vögel daran zugrunde, daß sie mit Zusatz von Hanf oder Kanariensamen gefüttert werden, daß man die Eigabe für überflüssig hält und anstatt ihrer alle möglichen Leckereien oder Grünkraut gibt. Noch mehr edle Sänger kommen im Besitz der Liebhaber durch einen Umstand um, welcher leider für die ganze Kanarienvogelzucht im Harz eine unheilvolle Bedeutung erlangt hat. Dies ist der hohe Wärmegrad, in welchem dieselbe betrieben wird. Wenn jemand einen solchen Sänger kauft, so kann er zunächst schon froh sein, wenn derselbe bei dem naßkalten Wetter des Spätherbst oder Frühwinters die Reise glücklich übersteht und lebend und gesund in seinen Besitz gelangt. Der sorgsame Verpfleger oder die zärtliche Pflegerin wundern sich dann wohl nicht wenig darüber, daß ihr Vögelchen trotz der verständnisvollen Versorgung dennoch kläglich dasitzt, mit gesträubtem Gefieder, trauernd und verkümmernd, und daß der Gesang, den der Vogel in der ersten Zeit so emsig und schön hören ließ, mehr und mehr verstummt, bis bald auch das Leben zu Ende gegangen . . . Die Erklärung ist sehr einfach. In überaus hoher Wärme gezüchtet, war der Vogel auf der Reise bei kaltem Wetter erstarrt, und als ihm dann beim Empfang die Wärme wohltuend entgegenkam, ließ er seine schönsten Rollen erklingen. Bald aber wurde ihm unheimlich zu Mut, denn der Unterschied in den Wärmegraden der gewöhnlichen Stubentemperatur zu denen in der Züchterei war selbst im bereits schwach geheizten Zimmer (von 12 - 14 Grad) so empfindlich für ihn, daß dadurch seine zarte Gesundheit untergraben und sein Tod herbeigeführt wurde. Man beachte also die Notwendigkeit, daß man einen solchen Vogel in möglichst hoher Wärme halten muß und nur äußerst allmählich und vorsichtig an niedere Grade gewöhnen darf. Unmittelbar nach der Ankunft jedoch, namentlich wenn der Vogel bei kaltem Wetter eintrifft, bringe man ihn nicht plötzlich in ein warmes Zimmer oder gar in die Nähe des Ofens, sondern vielmehr in ein gar nicht oder nur schwach erwärmtes Vorzimmer, von dem aus man ihn nach und nach wieder an die Wärme gewöhnt. (Näheres über die für seine Kanarienvögel erforderliche und wohltätige Wärme ist weiterhin in einem besonderen Abschnitt nachzulesen.) Überhaupt sind bei einem so zarten Geschöpf, wie es der Vogel einmal ist, in Hinsicht der Fütterung und Verpflegung sowohl als auch der gesamten Behandlung alle schroffen Übergänge durchaus zu vermeiden.

Wer in der Nähe Andreasbergs wohnt und Zeit und Mühe und die Kosten der Reise nicht scheut, kann, wenn er Anfangs Oktober, bevor die Händler die Vögel abgeholt haben, hinreist, einzelne gute Sänger zu entsprechenden Preisen erhalten, vorausgesetzt, daß er ein tüchtiger Kenner ist. Ist er ein solcher nicht, so wird er auch in den besten Züchtereien

Gefahr laufen, mittelmäßige Vögel mit nach Hause zu bringen, denn diese gibt es auch hier und daran ist meines Erachtens vor allem das längere Sitzen in Fluggebauern schuld. Nicht jeder Vogel verträgt eine so lebhafte Gesellschaft; die Störung ist zu groß, und die Verführung, einen oder gar mehrere Fehler eines anderen Sängers nachzuahmen, noch größer. Säße jeder Vogel in einem besonderen kleinen Bauer, so könnte man einen aus der Art geschlagenen Sänger besser herausfinden und bei Zeiten entfernen. Auch auf briefliche Bestellung werden von manchen Züchtern Vögel abgegeben. Die Preise, welche diese Züchter für gute Vögel verlangen, sind mitunter nicht ganz gering. Es ist eine nicht zu leugnende Tatsache, daß die Harzer Vögel und die feinsten Sänger, keineswegs so lange ausdauern, wie der gemeine Kanarienvogel. Viele gehen, wie vorhin erörtert, an der Fahrlässigkeit oder Unkenntnis der Besitzer zugrunde; andere kann aber selbst der erfahrene und vorsichtige Liebhaber nicht lange bei Stimme erhalten. Sie leisten eben zu viel im Gesange, sind auch nicht selten schon von Geburt an lungenschwindsüchtig.

Die Preise der jungen Kanarienvögel im Herbst wechseln je nach der Gegend und je nachdem, ob die Vögel einzeln oder in großer Anzahl aufgekauft werden, von 1—3 Mark und betragen im Durchschnitt 2,25 Mark. Die der edleren Stämme werden mit 6—10 Mark für den Kopf bezahlt. Die Weibchen kosten nur 50 Pfg. bis 1 Mark. Bereits im Winter aber, nachdem die Aufkäufer ihre Vögel fortgeholt haben, gehen die Preise für gewöhnliche Männchen auf 3—4 M. und für die Weibchen auf 1 M. 50 Pf. bis 2 M. hinauf. Männchen der edleren Stämme, namentlich der besten Vögel, sowie auch wohl die schönsten regelmäßig gezeichneten Farbenvögel, preisen dann bald von 9—15, ja sogar von 45—75, selbst 100 M. und mehr für den Kopf. Vor drei Jahrzehnten waren recht gute Vögel im Harz für 2 bis 3 Tlr. und die besten für 10 bis höchstens 20 Tlr. zu erlangen. — Holländische Kanarienvögel werden meistens paarweise verkauft, je nach der Beschaffenheit für 15—30 M. das Pärchen, hervorragend schöne auch für viel höhere Summen. — Die Preise der englischen Farbenkanarien sind bei deren Beschreibung (Seite 54 ff.) angegeben.

Die Versendung der einzelnen Sänger geschieht gegenwärtig bereits in besserer Weise, als dies früher der Fall war. Es ist bekannt, daß der Versand der aufgekauften Kanarien oft zu vielen Hunderten beisammen noch jetzt wesentlich in derselben Weise ausgeführt wird, in welcher ursprünglich die Harzer Vögel von den Hausierern umhergetragen und durch die ganze gebildete Welt verhandelt wurden. Einzelne kostbare Sänger verschickt man mit der Post viele Tagereisen weit, ganz ebenso wie es mit allen fremdländischen Vögeln geschieht, in mehr oder minder zweckmäßig eingerichteten Versandkäfigen. Man sendet bei milder Witterung ohne Gefahr bis Weihnachten hin und beginnt auch bereits wieder in der Mitte oder zu Ende des Februar. Vor allem ist bei der Einrichtung des Versandkäfigs, besonders für weite, mehrere Tage währende Sendungen, dafür Sorge zu tragen, daß aus den Trinkgefäßen kein

Abb. 5. Harzerbauerchen.

Wasser auf den Fußboden verspritzt oder vergossen werden kann, sodaß der Vogel im Nassen sitzt, wodurch er nur zu leicht zugrunde geht. Man hat deshalb eigens für diesen Zweck eingerichtete Trinkgefäße eingeführt. Herr Postsekretär Segger in St. Andreasberg gibt im „Archiv für Post und Telegraphie" Vorschriften zur Versendung, denen wir folgendes entlehnen:

„Ein kleines Bauer aus Holzstäbchen (also das Harzbauerchen, Abb. 5), in der Regel 12 cm breit und 16 cm hoch und lang, nimmt den Vogel auf, nachdem in dem dazu vorgesehenen im Innern des Bauers angebrachten Kästchen Futter und in zwei ebenfalls im Innern aufgehängten Tontöpfchen (Abb. 6) Wasser untergebracht worden. Zumeist kommt nur ein Vogel in einen Bauer und Kasten zur Absendung. Das Futter besteht aus sogen. Weichfutter, hefe-

Abb. 6. Tontöpfchen.

freier Semmel, welche angefeuchtet und in das Behältnis eingedrückt wird. Das Wasser wird durch ein gut gereinigtes Schwammstück in dem Trinknäpfchen festgehalten. Die hier gezüchteten Kanarien sind ohne Ausnahme seit frühester Jugend an die Bauer gewöhnt, also auch im Dämmerlicht über den Platz der Futter- und Wasserbehälter unterrichtet. Der so ausgerüstete Käfig mit dem Vogel wird in einen genau umschließenden, viereckigen Kasten von Pappe gestellt und auf dessen Boden wird noch eine hinreichende Menge Sommerrübsamen geworfen. Der Verschluß wird durch einen übergreifenden Deckel hergestellt. Diese Pappkästen sind aus starkem Stoff gefertigt und an sämtlichen Ecken mit Leinwand verklebt; sie erhalten zwei Fensterchen, eins auf der Längsseite etwa 1 cm vom Boden, das andere ebenso am Kopfende über den Trinknäpfen. Das erstere soll dem Vogel das Auffinden des verstreuten Rübsamens erleichtern, das zweite ihn das Wasser finden lassen. Zur Herrichtung der Fenster sind etwa talergroße Öffnungen in die Wandungen geschnitten und mit einem Stückchen Glas überklebt. Damit die Glasstücke besser haften — bei einem Abrutschen derselben würde für den Vogel sehr schädliche Zugluft entstehen — mischt man dem Leim etwas Gipskalk bei und dadurch hat man sehr guten Erfolg erzielt. Die Oberfläche des Deckels ist in den meisten Fällen mit einem Vordruckblatt überklebt, welches in den vier Ecken Zeichnungen von Vögeln und mit fetter Schrift mehrfach die Bezeichnung ‚Lebender Vogel' trägt. Bei großer Kälte steckt man zwischen Käfig und innerer Wandung des Pappkastens noch weiches Grummet oder Heu. In dieser Packung, welche weithin den Bahnpostbeamten bereits bekannt und welche deshalb deren wärmster Rücksichtnahme und sorgfältiger Behandlung empfohlen und gewiß ist, durcheilen die Vögel ohne Erneuerung des Futters und Wassers bedeutende Entfernungen, oft von vier- bis sechstägiger Reisedauer. Selbst in unmittelbaren, oft überseeischen Verkehr mit England u. a., sind die günstigsten Ergebnisse erzielt worden. An Stelle der Pappkästen werden auch hier und da Holzkisten von ähnlicher Größe verwendet, doch ist postseitig stets Veranlassung genommen, davon bringend abzuraten. Die Kisten erfordern schon beim Verpacken des Vogels eine demselben schädliche, weil ihn schreckende Verrichtung, nämlich das Einschlagen der Nägel zur Befestigung des Deckels. Dieselben sind nicht leicht genügend zu kennzeichnen, um einer übereilten Handlung durch Werfen oder Umkanten wirksam vorzubeugen. Sie sind nicht so wärmehaltend (?) wie die Pappkästen und bei einem im Drange der Umleitung u. a. möglichen Stoß nicht so elastisch, auch wegen ihrer Schwere nicht in dem Maße fähig, den Stoß oder Fall abzuschwächen, wie die Pappkästen. Kisten, deren eine offne Seite mit Drahtgitter verschlossen ist, zu verwenden, erscheint ebenfalls nicht rätlich, weil die vorgenannten Übelstände auch bei ihnen zum Teil zutreffend sind, und weil die dabei unvermeidliche Zugluft die Vögel arg gefährden würde; sodann hindern sie nicht, daß den Vögeln unterwegs, wenn auch nur aus Mitleid, unpassende Nahrung zugeführt werde. Auf letztern Umstand legen sorgsame Züchter Wert und heften deshalb an ihre Versandkästen besondere Zettel, welche vor unnötiger, bzl. unzuträglicher Fütterung warnen. Das Holzbauer einfach mit Papier zu umschlagen, ist durchaus unzweckmäßig und zu verwerfen; diese Packung ist nicht haltbar, nicht kenntlich, nicht zugfrei genug und eignet sich nur schwer zur Wertangabe. Die Unterfläche solcher Stücke ist auch in der Regel nicht hinreichend eben, um dem Umfallen beim geringsten Anlaß vorzubeugen. Die Versand-Pappkästen werden in verschiedener Form und Größe angefertigt, je nach der Zahl der zu versendenden Vögel; bis zu 4 Bauern in länglicher von 5—12 Bauern in viereckiger Gestalt. Das Innere der größeren Kästen ist durch Pappwände in Räume für je ein Bauer ausreichend geteilt und behufs Erhellung mit Öffnungen, bzl. Fenstern in genügender Zahl versehen.

Jeden besonders kostbaren Vogel pflegt man jedoch in besonderer Sendung zu verschicken, weil die Ausdünstung mehrerer zusammenverpackter Vögel schädlich wirkt. Auch benutzt man wohl größere Bauer, 19 cm lang und hoch und 14 cm breit und dementsprechend größere Pappkästen. Die von Buchbindern hier gefertigten Pappkästen aus bestem Stoff kosten in der kleinern Form für je 1 Vogel 35, 2 Vögel 50, 3 Vögel 70, 4 Vögel 100 und 12 Vögel 150 Pfennige. Die Kosten solcher Packung sind also äußerst billig zu nennen."

Abb. 7. Kanarien-Versandkäfig.

Die bedeutenderen Händler haben sich besondere Versandkäfige eingerichtet, bei deren Verwendung sie Gewähr für die sichre Ankunft bis auf die weitesten Entfernungen hin übernehmen. Ich gebe hier die Beschreibung eines solchen Käfigs. Derselbe besteht ebenfalls in einem Harzerbauerchen, hat auch das allbekannte Tonnäpfchen desselben zum Trinkgefäß und steht in einem Pappkasten, wie ihn Herr Segger beschrieben. (Abb. 7.) Neben das eine Fensterchen ist ein Zettel mit folgender Bemerkung geklebt:

„Meine Vogelkästen sind unter keinen Umständen unterwegs zu öffnen. Der Empfänger füttere die Vögel mit Sommerrübsen, die Männchen außerdem mit Eifutter, bestehend aus

II.

4. Der Scotch fancy.   5. Der Bossu.
6. Der Pariser Trompeter.

III.

7. Der Riesen-Kanarienvogel von Manchester.
8. Der reingelbe Norvich-Kanarienvogel.
9. Der eidechsenartig gestreifte Kanarienvogel.

einem Drittel Ei und zwei Dritteilen altbacknen geriebenen Weißbrots, beides innig gemischt. — Nötige Wärme 15 bis 18 Gr. R. Keine Zugluft! Sobald die Männchen an das Futter= und Trinkgefäß sich gewöhnt haben, müssen sie dunkel gehalten werden, des besseren Gesanges wegen; Weibchen dürfen nicht in demselben Zimmer sein."

Wenn dieser Versandkasten im wesentlichen auch ganz praktisch ist, so bedarf er doch einiger Verbesse= rungen. Zunächst müssen mehrere Fensterchen an beiden Breitseiten, hoch und niedrig, angebracht werden, denn ich habe die Erfahrung gemacht, daß in der Weihnachtszeit, bei dunklem Wetter und wenn der Käfig in einer düstern Ecke unterwegs gestanden, der reisende Vogel weder Futter noch Wasser gefunden hat und halbtot angekommen ist. Aus dem bisherigen, sehr ursprünglichen Futtergefäß streut der Samen während der Fahrt leicht heraus und fällt unter den Käfigboden.

Abb. 8. Trinkgefäß von Glas (für Harzer Bauer).

Der Futtertrog muß daher hohe oder schwach nach innen gebogene Wände haben und ganz unten stehen; er ist am Besten ein Blechgefäß. Ein ebensolches, nur noch mit tiefer nach innen gebogenen Kanten und dann mit einem Schwamm versehen, werde zum Trinken angebracht. Sogenannte Gimpel= bauerchen mit Türchen und gläsernem Trinkgefäß sind vorzugsweise praktisch. Das Trinkgefäß befindet sich vorn in der Nähe des Türchens und kann auf diese Weise bequem herausgenommen und gründlich gereinigt werden, was ein nicht zu unterschätzender Vorteil ist. Wenn in einem Harzerbauerchen ein Vogel, der vor Zugluft geschützt ist, erkrankt, so liegt die Ursache wohl meist in verunreinigtem Wasser; das Trinkgefäß muß daher öfter gereinigt werden und bei den tönernen Gefäßen ist das oft eine zeitraubende Arbeit.

In der beschriebenen Weise verpackte lebende Vögel werden von der Post als Sperrgut versendet. Ratsam ist es, namentlich bei wertvollen Vögeln, dieselben „eingeschrieben" oder „mit Wertangabe" zu verschicken. Neuerdings ist von der deutschen Reichspostverwaltung die Einrichtung getroffen, daß lebende Vögel als „dringende" Sendungen, d. h. mit der schnellsten sich darbietenden Postgelegenheit, auch mit Eisenbahnzügen, die sonst nur Briefsendungen mitnehmen, befördert werden. Die betreffenden Sendungen sollen zu diesem Zweck bei der Einlieferung zur Post durch einen Zettel von gelber Farbe welcher in fettem, schwarzen Typendruck, im Notfall auch wohl in großen klaren Schriftzügen, besonders Frakturschrift, die Bezeichnung „Dringend, lebende Tiere!" tragen muß, kenntlich gemacht sein. Als Entgelt für die abweichende Behandlung derartiger Versandstücke ist außer dem Porto für Sperrgut und dem Eilbestellgeld noch eine Gebühr von 1 Mk.

im voraus zu entrichten. Die Benutzung dieser Vergünstigung ist bei der Versendung von Vögeln sehr zu empfehlen; bei bringenden Sendungen ist Wertangabe nicht zulässig. Die Gebühr für bringende sowie Eilbotenbeförderung ist bei der Absendung zu entrichten.

Die Wohnungen.

Für das Wohlbefinden eines jeden Vogels ist von vornherein nichts so wichtig wie seine Behausung und deren Einrichtung. Bedenken wir freilich, daß in den Vogelhandlungen die jungen Kanarienvögel viele Monate hindurch in den erwähnten winzigen Harzerbauerchen sich wohl und gesund erhalten lassen (in denen sie ja auch oft Hunderte von Meilen weit, versendet werden), so staunen wir wohl über die schmiegsame Natur dieser Vögel. Ein wahrer Freund derselben wird indessen keineswegs den ungünstigen Fall als Regel benutzen, sondern vielmehr seinen Lieblingen die Wohnung so behaglich als tunlich einrichten.

Abb. 9. Turmbauer aus poliertem Holz.

Zunächst soll man jeden Käfig möglichst geräumig wählen, während es auf die Form im wesentlichen gar nicht ankommt; nur die runden oder Turmkäfige (s. Abb. 9) sollte man entschieden vermeiden, weil in denselben sich alle Vögel unbehaglich fühlen und viele sogar drehkrank und dämlich werden. Überdies lassen sie sich ja auch nicht überall, namentlich nicht an den Wänden, aufhängen; man hört daher stets den Vogel in unmittelbarer Nähe singen, weshalb der Gesang oft nicht angenehm und bei dem gemeinen Kanarienvogel geradezu unerträglich klingt.

Der Käfig für den einzelnen Kanarienvogel sollte etwa 30—50 cm hoch, 30—40 cm lang und 22—28 cm tief sein, doch darf die Größe auch etwas geringer oder bedeutender sein. Käfige, an denen Alles, mit Ausnahme der Sitzstangen von Metall ist, sind die geeignetsten; man vermeide jedoch die blank polierten und allerdings schön aussehenden Messingkäfige durchaus, weil sie von der Feuchtigkeit, die der Vogel beim Trinken oder Baden verspritzt, leicht Grünspan ansetzen und zur Vergiftung Veranlassung geben können. Diese Gefahr ist bei solchen Käfigen, deren Messingteile, mit einem haltbaren Lack überzogen sind, ausgeschlossen. Am besten sind die hübsch lackierten Bauerchen von Zink- oder solche von ganz verzinntem Draht. Das Geflecht muß desto enger sein, je dünner der Draht ist. Keinesfalls darf der Vogel den Kopf hindurchstecken können. Die Sitzstangen sollten nicht aus zu hartem Holz, auch nicht zu glatt gerundet und dünn sein, am besten aus Lindenholz oder vom Haselnußstrauch, 1—1,25 cm dick, sodaß der Fuß sie nur eben umfassen kann. Zweckmäßig ist es, wenn man oben eine dünnere und unten einander gegenüber zwei dickere Stangen anbringt oder umgekehrt. Die Tür muß nach unten zufallen; die Schublade sollte immer von Metall sein und wird am zweckmäßigsten durch eine herabfallende Klappe verschlossen, so daß beim Reinigen oder Füttern der Vogel nicht entkommen kann. Die Futter= und Trinknäpfe stehen am ratsamsten in drehbaren Erkerchen, aus denen das Futter nicht verstreut wird. Um jede Verunreinigung des Zimmers zu vermeiden, hat man ein besonderes Badestübchen, dessen Einrichtung die Abb. 10 ergibt und das zeitweise von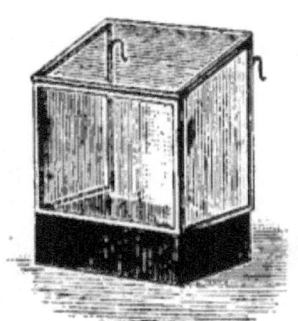

Abb. 10. Badestübchen.

außen an den Käfig gehängt wird, während das Trinkgefäß dann so eingerichtet ist, daß der Vogel sich nicht darin und zu jeder Zeit baden kann. Der Anstrich des Käfigs muß in unschädlichen Lackfarben bestehen, welche so hart antrocknen, daß der Vogel nichts davon abknabbern kann; die Farbe kann selbstverständlich nach Geschmack und Belieben gewählt werden, doch erscheint eine dunkle Färbung des Käfigs vorteilhaft, weil sie den Vogel besser hervortreten läßt. Am schönsten und empfehlenswertesten zeigen sich die Bauer, welche rings herum an allen vier Seiten oberhalb der Schublade eingeschobene Scheiben von geschliffenem Glas in etwa Handhöhe haben. Sie gewähren vor allem den Vorteil, daß der Vogel weder die Hülsen und Reste von Sämereien und anderem Futter, noch den Sand beim Pabbeln hinauszuwerfen vermag. Solch' zier= licher Käfig (s. Abb. 12) kann auch in jedem Schmuckzimmer aufgestellt oder angehängt werden.

Abb. 11. Einfacher Käfig.

Abb. 11 stellt einen einfachen zweckentspre= chenden Käfig dar. Im übrigen ist die Einrichtung dieser Kä= fige wohl allgemein bekannt; eine ein= gehende Beschreibung ist in Dr. K. Ruß' „Handbuch für Vogelliebhaber" und noch ausführlicher, nebst Abbildungen, in dem größeren Werk desselben Ver= fassers „Die fremdländischen Stubenvögel" IV. „Lehr= buch der Stubenvogelpflege, =Abrichtung und =Zucht" (Magdeburg, Creutz'sche Verlagsbuchhandlung) zu finden.

Vogelstube. (S. auch Seite 117.) (Die Käfig= und Zimmer=Flughecke.) Viele Kanarienvögel werden in Vogelstuben oder, was dasselbe sagen will,

in großen Käfigen, welche bis zu 150 Köpfe ent=
halten und innerhalb der Wohnstuben stehen, gezüchtet.
Je nach der Größe eines solchen Raumes bringt
man drei, fünf oder noch mehrere Männchen mit drei
bis vier, ja, wohl bis fünf oder sechs Weibchen für

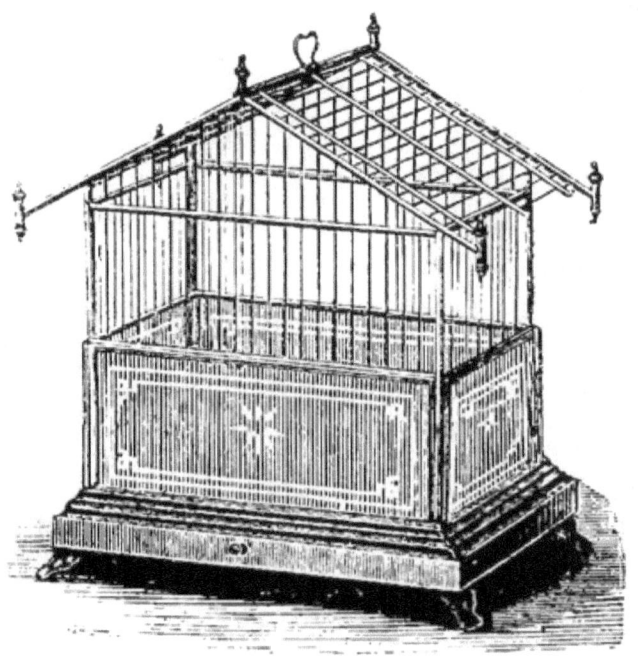

Abb. 12. Käfig für den einzelnen Sänger.

jedes hinein; niemals dürfen es nur zwei Männchen
sein, weil diese gewöhnlich in Zank geraten und ein=
ander fortwährend befehden, sodaß aus den Bruten
nichts wird, während ein drittes die Zänker ausein=
andertreibt. Man hält es deshalb auch für not=

wendig, die Männchen immer in ungerader Zahl zu haben, doch dürfte man denselben Zweck erreichen, wenn eben nur mehr als gerade zwei Männchen vorhanden sind.

Bei der fliegenden Hecke sehe man darauf, daß der Raum des Zimmers der Anzahl der eingesetzten Vögel entspreche. Je größer die Räumlichkeit, welche man denselben bieten kann, desto weniger werden sie gestört und um so erfolgreicher nisten sie. Sodann sorge man hinreichend für Licht. Wenn möglich, muß die Vogelstube für Kanarien nach Morgen zu gelegen sein; Mittag- oder Abendsonne ist weniger günstig, und in einem Zimmer nach Mitternacht hin dürften sie kaum gedeihen. Im naßkalten, sonnenlosen Raum treten Durchfall, Unterleibsentzündung und andere Krankheiten ungleich häufiger und heftiger als sonst auf.

Ein Gitter vor dem Fenster vermittelt den ungehinderten Zutritt der für die Gesunderhaltung und das Gedeihen alter wie junger Vögel notwendigen frischen Luft. An kalten Tagen wird das Fenster abends geschlossen, damit die halbflüggen Jungen nicht, wie dies wohl sogar noch im Mai geschieht, in kalten Nächten umkommen.

Schutz gegen Entkommen und Zugluft. Sehr zweckmäßig bei kleinen und fast unumgänglich notwendig bei stark besetzten Heckstuben ist es, vor der Tür zu den letzteren einen dieselbe vollständig deckenden Vorhang von passendem Zeuge (nicht aber von Netz) anzubringen, damit beim Eintreten in die Stube nicht ein Vogel entfliege. Auch der immer gefährliche Luftzug wird dadurch verhindert oder doch gemildert.

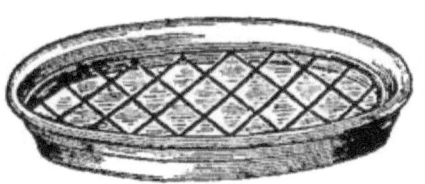

Abb. 13. Badegefäß.

Innere Ausstattung. Der Raum wird reichlich mit Flugstangen, Bäumen und auch dichtem Gebüsch ausgestattet, der Boden an den Seiten unterhalb des Gebüsches ringsum mit trocknem Laub und Moos und in der Mitte, wo das Trink- und Badebecken steht, dick mit gutem Sande bestreut. Das Badegefäß muß flach und geräumig und darf ja

Abb. 14. Automat. Futterbehälter für Körnerfutter.

nicht zu tief sein, damit kein junger, unbehilflicher Vogel darin ertrinke. Auch muß es stets einen weiten Untersatz von Zink oder dergleichen haben, damit das beim Baden verspritzte Wasser nicht vom Boden aufgenommen werde und dann einen sehr lästigen Geruch und ungesunde Ausdünstungen verursache. Sollen die Vögel nicht darin baden, sondern nur trinken, so wird ein Gitter aus starkem Eisendraht, welches auf drei Füßen steht, hineingestellt (s. Abb. 13). Vielfach sind automatische Trink- und Futter-

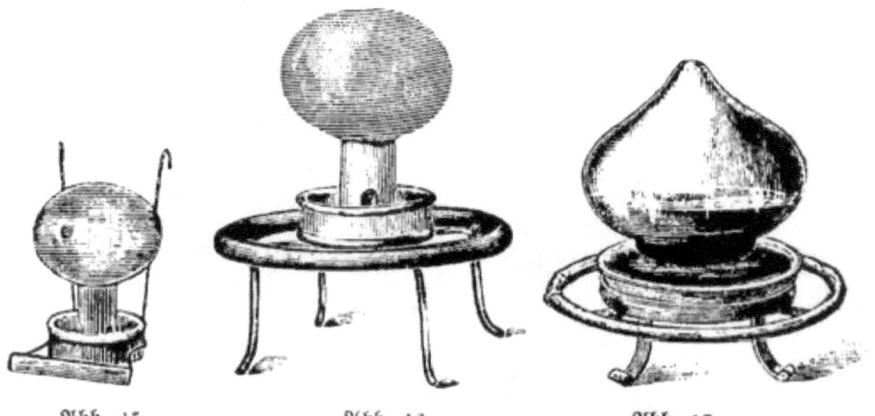

Abb. 15.   Abb. 16.   Abb. 17.
                 Automatische Trinkgefäße
zum Anhängen.   für die Käfighecke.   für die Flughecke.

gefäße im Gebrauch. Dieselben nehmen einen großen Futter- und Wasservorrat auf und erleichtern dem Pfleger die Arbeit. Automatische Wassergefäße müssen täglich frisch gefüllt werden. Tägliche gründliche Reinigung letzterer ist durchaus notwendig. Bei den automatischen Futtergefäßen ist auf das regelmäßige Nachfallen des Futters zu achten. (Abb. 14, 15, 16, 17.) Alle Futter- und Trinkgefäße wählt man am besten aus Porzellan oder Glas. In den großen Züchtereien am Harz bestehen die letzteren in flachen irdenen Näpfen von 10„—13 cm Durchmesser, welche für gewöhnlich mit einem durchlöcherten Deckel zum Schutz gegen einfallenden Unrat versehen sind, sodaß die Vögel nicht zu jeder Zeit sondern nur mittags bei ausreichender Wärme, wenn man es ihnen gestattet, baden dürfen, indem nun der Deckel von dem Napf abgenommen wird. Dann hat eine tüchtige Durchnässung des Gefieders selbst für das brütende Weibchen keinen Nachteil. Die

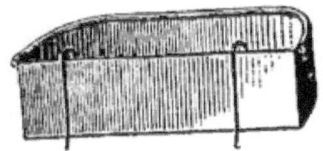

Abb. 18 u. 19. Futter- und Trinknapf von Blech.

Harzer Trink- und Badenäpfe kosten das Stück 50 Pfg. Mancherlei einfache blecherne Futtergefäße sowie auch Trinknäpfe sehen wir bei den Händlern im Gebrauch (s. Abb. 18, 19) und dieselben sind in bequemer Weise überall anzuhängen. Alle Futternäpfe werden nur zur Hälfte mit Samen gefüllt und bei dieser zweckmäßigen Einrichtung geht nur wenig Futter verloren. Die trotzdem verstreuten Sämereien suchen die schwächeren Vögel, welche oberhalb von den anderen fortgezankt werden, auf. Alles Weichfutter reicht man selbstverständlich in Porzellangefäßen. Die Gefäße mit Weichfutter stellt man so auf, daß das leicht verderbende Futter nicht beschmutzt oder beim Laden durch umherspritzendes Wasser durchfeuchtet werden kann. Wo keine Mäuse vorhanden sind, tut man gut daran, in einer Ecke in der Nähe des Ofens dürres Strauchwerk mindestens bis zur halben Höhe der Stube lose aufzutürmen. In demselben klettern alle jungen und schwächlichen Vögel empor, während sie sonst auf dem Fußboden in mindestens 1—2 Grad geringerer Wärme sitzen bleiben und sich leicht den Unterleib erkälten. Die Sitzstangen (s. S. 84) müssen treppenförmig durch den ganzen Raum angebracht werden, so daß die Vögel nicht einander beschmutzen können. Die Zwischenräume sowie die Entfernungen von den Wänden

Abb. 20. Futter- und Trinknapf von Porzellan zum Einhängen in den Käfig.

müssen mindestens 30 cm betragen. Die Nester tut man meistens in Harzer Bauerchen, welche man recht mannigfaltig und mindestens 30 cm von einander entfernt an den Wänden, nicht versteckt im Gebüsch, aber auch nicht an zu hellen Stellen so befestigt, daß die Vögel sie nicht herabreißen können. Übrigens wird man immer finden, daß alle Kanarienvögel die am höchsten hängenden Nistvorrichtungen mit Vorliebe wählen; man bringe daher alle Nester möglichst hoch an.

Die Zucht des Kanarienvogels in einer Käfighecke, bestehend in einem Hahn und 3—5 Weibchen, betreibt man entweder in einem sog. Kistenkäfig oder auch im gewöhnlichen Holz-Heckbauer. Das letztere sehen wir am häufigsten als Kanarienheckbauer; (s. Abb. 21) es ist 95 cm lang, 48 cm tief, 55 cm hoch, die Rückwand ist aus Brettern, ebenso der Fuß-

Abb. 21. Kanarien-Heckbauer.

boden und über demselben ein Schubbrett, welches nebst den beiden Türen in der allereinfachsten Weise durch krumme Drahthaken geschlossen wird. In der Regel geht gerade in der Mitte, oberhalb der ersten Querleiste (wo nach der Abbildung eine Sitzstange angebracht ist), eine hölzerne Schublade querdurch, und in derselben wird gefüttert (eine Einrichtung, die von vielen Züchtern für sehr unpraktisch gehalten wird), während das Trinkwasser nach Harzer Weise in dem vorhin erwähnten Napf von gebranntem Ton (s. Abb. 22), welcher einen Deckel mit 3 oder 5 runden Löchern hat, gegeben wird. Der Deckel des Trinknapfs läßt die Vögel nicht baden und dies zu verhindern ist notwendig, da das Verspritzen von Wasser hier sehr übel sein würde. Dieser Käfig bietet den sehr bedeutenden Vorteil, daß er erstens äußerst billig, zweitens unschwer rein zu halten ist. Es gibt diese Käfige auch zum Auseinandernehmen eingerichtet. Sie sind außerordentlich praktisch.

Heckkäfige für die ruhigen und oft sehr matten Holländer=Rassen, welche man gewöhnlich paarweise in Einzelkäfigen („Einwurfkäfigen") züchtet, brauchen eigentlich nur von einfacher, länglich=viereckiger Form, mit sanft

Abb. 22. Harzer Trinknapf.

gewölbtem Dach und von derselben Einrichtung, aber der doppelten Größe des Bauers für den einzelnen Sänger zu sein. Besser sind freilich für die Zucht dieser Rassen sowie der Farben= und Gestaltvögel und der Misch= linge die sog. Kistenkäfige, welche man auch bereits ziemlich allgemein eingeführt findet und in denen manche Züchter außerordentliche Erfolge erzielt haben. Solch' Käfig besteht aus einer Kiste von sehr leichtem Holz, hat mindestens den zweifachen Umfang des Bauers für den einzelnen Vogel und nur an der vordern Seite ein Stabgitter, während die drei übrigen Seiten=

wände, sowie die Decke und der Boden aus Brettern hergestellt sind. Die Schublade von Zinkblech muß auch hier so leicht wie möglich ein- und auszuschieben sein und eine herabfallende Klappe haben. Die Futter- und Trinknäpfe werden einfach auf den Boden der Schublade gestellt. Der ganze innere Raum ist mit weißer (bzl. schwarzer) Lackfarbe überzogen und außen nach Belieben, meistens aber grün, angestrichen. Die Nester sind an der hintern Wand befestigt, und an jeder Seitenwand befindet sich ein sehr lose gehender Schieber oder eine herabfallende Klappe, groß genug, daß man dadurch bequem zu den Nestern gelangen und sie stets überwachen kann. Der Kistenkäfig gleicht also mit der Ausnahme, daß er an drei Seiten geschlossen ist, im wesentlichen dem gewöhnlichen Heckkäfig.

Nistvorrichtungen gibt es verschiedener Art. Bei Harzer Vogelzüchtern sah ich auch anstatt der früher gebräuchlichen Korb-, Stroh- oder Pappnester kleine Blumentöpfe in den Harzer Bauerchen befestigt, in die man unten Moos, darüber saubere Läppchen und auf diese weiche Kuhhare gelegt hatte, auf welchem Grunde die Vögel sich dann das Nest weiter ausbauen. Stellenweise hat man auch hölzerne Kästchen von $10_{/5}$ ☐ cm Raum. Das Kästchen füllt man zur Hälfte mit Mos und streut etwas Insektenpulver ein. Auf dieser Mooslage sollen die Vögel dann die Nesthöhlung erbauen. Die Nistkästchen müssen

10 cm über dem Oberrand eine Decke haben (s. Abb. 23), auf welche sich andere Vögel setzen können, ohne das brütende Weibchen zu stören. Auch wird dadurch vermieden, daß Unrat hineinfällt, die Eier beschmutzt und sie somit untauglich macht. Sodann dürfen die Nistkästchen nicht zu niedrig sein, weil die Paarung der Vögel häufig auf dem Nest

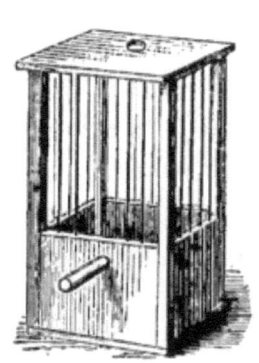 

Abb. 23 u. 24. Harzer Nistbauerchen.

vor sich geht. Die hintere Seite kann, wenn sie unmittelbar an der Wand hängt, gitterlos sein, damit man bequem schlechte Eier oder tote Junge beim Abnehmen zu entfernen vermag. Ganz ebenso werden die Harzer Bauerchen eingerichtet, in welchen man die Nester anbringt. — Sehr zweckmäßig sind die ganz aus verzinntem Draht hergestellten Nistvorrichtungen. Sie haben die Vorzüge der andern und bieten dem Ungeziefer (Milben) weniger Gelegenheit, sich einzu=

niſten (Abb. 25, 26). Nach Breymann ſind die beſten Neſter für die holländiſchen Kanarienvögel vorn offene, mit weitmaſchigem Netz (oder beſſer Gitter) überdachte, etwa 13 bis 15,8 cm tiefe und weite, mit ausgekochtem und ſorgfältig wieder getrocknetem Heu halbgefüllte Käſtchen.

Abb. 25. Niſtvorrichtung aus verzinntem Draht.

Für jedes Weibchen müſſen mindeſtens zwei Neſter vorhanden ſein, denn die meiſten beginnen bereits nach 14 Tagen wieder zu bauen und zu legen, wenn die vorherigen Jungen auch noch nicht flügge ſind. Nach vollendeter oder vorgerückter Brut wird jedes Neſt nebſt Niſtkaſten oder Harzerbauerchen ſorgfältig ausgekocht und dann getrocknet; die Bauſtoffe werden verbrannt.

Abb. 26. Desgleichen.

Da alles Ungeziefer, Milben, Wanzen, Motten u. a. die alten und jungen Vögel plagt, ſo verhindere man ſein Aufkommen und ſei in der Anwendung des beſten (dalmatiniſchen) Inſektenpulvers nicht zu ſparſam. Sehr bewährt hat ſich auch zur Bekämpfung der Milbenplage „Mortein" und „Tineol" (ſ. S. 114), die in jeder Vogelhandlung erhältlich ſind. Man ſtreue es reichlich in die Ritzen und Wände der Niſt=

käften, Harzerbauer u. a. und blase es auch an die Wandstellen, wo diese aufgehängt werden.

Stoffe zum Nestbau. Als solche reicht man langfaseriges, weiches Moos, kurze Baumwollflöckchen und ausgezupfte, 2—3 cm lange Leinwandfäden. Lose Baumwolle oder Watte, Wollbüschel und lang ausgezogene Leinwand- oder Wundfäden sollte man niemals zum Bauen geben, denn mit der ersteren bedecken die Weibchen gewöhnlich so die Eier, daß dieselben verderben, und von den beiden anderen wickeln sie sich häufig Fasern um die Füße, wodurch Entzündung und Eiterung hervorgerufen wird, in welchem Fall der Vogel natürlich die Brut verläßt. Der beste Nestbaustoff für Kanarien sind weißleinene Wundfäden (Charpie) von gröberem Linnen. Weiße Charpie hat den Vorzug, daß sie von den Vögeln gern zum Bauen genommen wird, verwendet hierzu doch der Wildvogel auch gern weiße Pflanzenstoffe, daß das Nest nicht zu fest wird und die für die Entwicklung des Eies nötige Luft durchläßt. Kälber-, Ziegen- oder Rehhaare zum Nestbau zu geben, ist nicht zu empfehlen. Die Nestwand wird zu dicht und zu fest, die Haare fliegen im Käfig umher und verunreinigen Futter, Wasser und selbst das Zimmer, in dem sich die Hecke befindet. Während der Hecke darf man mit dem Nistbaustoff nicht wechseln. Alle Baustoffe werden reichlich gegeben, da andernfalls die Weibchen sich diese aus schon fertigen Nestern

anderer holen und Störungen im Brutgeschäft herbei=
führen. In den Käfighecken gibt man das Bau=
material in kleinen Drahtraufen (Abb. 27) aus
Sparsamkeitsrücksichten und der
Reinlichkeit wegen. In Flughecken
verwendet man hierfür ein mit
dem Boden nach oben aufgestelltes
Harzerbauerchen. Der Boden des
Käfigs verhindert die Beschmutzung
des Baustoffes.

Abb. 27. Drahtraufe.

Verpflegung.

Die Fütterung für den deutschen Kanarien=
vogel besteht im allgemeinen in einem Gemisch
von Rüb=, Kanarien= und gequetschtem Hanf=
samen, doch muß die Hauptnahrung in Rübsamen
bestehen. Gleichviel, ob man ihn ängstlich nur mit
dieser oder jener Sämerei allein oder mit allen zu=
sammen versorge, ob man ihm mancherlei Leckerbissen
gebe oder nicht, immer wird er, falls die Behand=
lung nicht völlig unnaturgemäß ist, seinen Pfleger
durch Wohlgedeihen, Zutraulichkeit und fröhlichen
Gesang erfreuen; denn er ist ein durchaus kräftiger
und ausdauernder Vogel. Im günstigsten Fall kann
er dann 20 Jahre und darüber alt werden, jedoch
nur der einzeln im Käfig gehaltene Sänger, während
die Heckvögel selten ein höheres Alter als 6 bis 8

Jahre erreichen. — Das gewöhnliche und zugleich dienlichste Futter für die Holländer und Englischen Farbenkanarien ist der Kanariensamen (s. Abschn. Futtermittel); die ersteren erhalten zugleich etwas Hanfsamen; den letzteren ist derselbe, regelmäßig gegeben, jedoch schädlich.

Die Fütterung für den einzelnen Sänger und ebenso für die Weibchen außer der Nistzeit (s. auch weiterhin ‚Überwinterung der Zuchtvögel‘) muß mit Aufmerksamkeit geregelt werden, sodaß die Vögel weder zu voll und zu fett, noch zu schwach und matt werden. Als kräftigende Zugabe bietet man hartgekochtes Hühnerei, Eierbrot oder Maizena-Biskuit. Man erquickt die Vögel auch zuweilen durch Grünkraut, am besten durch halbreife Wegerichsrispen, auch durch süßes Obst, Äpfel- oder Birnenschnitte. Dagegen vermeide man es sorgfältig, irgend einem Kanarienvogel anderweitige Leckerbissen: Kuchen, Fleisch, Kartoffeln und dergl. zu geben; ratsam ist es, zeitweise ein wenig Mohnsamen und gespelzten Hafer zu reichen, noch wertvoller für die Gesunderhaltung des Vogels ist amerikanische Hafergrütze.

Der edle Kanarienvogel soll nur vorzüglichsten Sommerrübsen und eine kleine Gabe Biskuit oder Eifutter, welches weiterhin beschrieben wird, erhalten. Desselben bedarf der Sänger, um bei voller Kraft zu bleiben. Hat der Liebhaber einen jungen

Vogel angeschafft, so muß er demselben neben dem Sommerrübsen das Eifutter täglich zweimal frisch reichen und bevor derselbe vollständig gekräftigt und erstarkt ist, es ihm in keinem Fall entziehen, oder auch nur schmälern. Grünkraut soll kein edler Vogel bekommen, am allerwenigsten ein junger, weil derselbe dadurch nur zu leicht an Durchfall erkrankt.*) — Über die allmähliche Gewöhnung eines Vogels an eine andere, bzl. naturgemäße Ernährung ist S. 72 gesprochen.

Fütterung in der Hecke. Inbetreff derselben gehen die Ansichten der Vogelzüchter sehr auseinander, und sachgemäß ist dies darin begründet, daß man doch von vornherein auf jede verschiedene Rasse und deren besondere Anforderungen Bedacht nehmen muß. Die gemeinen deutschen Kanarien versorgt man auch in der Hecke wie S. 99 angegeben und reicht ihnen als Zugabe dann nur hartgekochtes, gehacktes Hühnerei allein oder mit geriebenem Eierbrot, Biskuit, Zwieback vermengt. — Die Fütterung der feinen Kanarien schließt während der Zucht alle fremden Sämereien möglichst aus; nur als Heil- und Stärkungsmittel in besonderen Fällen wird

---

*) Manche Kenner und Züchter sehen auch für die Harzer Kanarien das Grünkraut als unschädlich, ja sogar als wohltätig an. Man gebe dann aber nur Kreuzkraut, Vogelmiere, Wegerichrispen und allenfalls Salat, jedes jedoch nur im allerbesten Zustande.

Mohn- und Kanariensamen, amerikanische Hafergrütze, Salatsamen und Hanf gegeben. Der beste süße Sommerrübsen wird stets trocken gereicht. Da der trockene Samen aber für die Schnäbel der dem Neste entflogenen Jungen zu hart ist, gibt man neben dem trockenen Samen auch ein Gefäß mit durch Wasser abgewaschenen Rübsen. Der Rübsen wird in ein kleines blechernes Sieb geschüttet und unter beständigem Umrühren mit Wasser übergossen. Nachdem das letztere abgelaufen, wird der Samen auf einem groben Leinentuch ausgebreitet, und in zehn Minuten ist er so trocken, daß er rollt. Er hat dann etwas von seiner Härte eingebüßt, an gutem Geschmack aber entschieden gewonnen. Die Vögel fressen ihn gern und verstreuen nicht so viel davon. Ein bequemes Verfahren ist auch folgendes: Man übersprenge eine kleine Menge Rübsen mit wenig Wasser, rühre denselben in dem Futtergefäß tüchtig durcheinander und gebe daneben ein Gefäß mit trockenem Samen. (Über Verfütterung gequellten Rübsens s. auch S. 141.) Neben dem Sommerrübsen reicht man Eifutter, welches in verschiedener Weise zubereitet wird. Am einfachsten gibt man hartgekochtes Hühnerei, in der Mitte durchschnitten und in der Schale mit Gelb und Weiß, sodaß die Vögel alles auspicken können. Zuträglicher ist das gemischte Eifutter, aus frischem, hartgekochtem, fein zerriebenem oder auch zerhacktem Eigelb (manche Züchter nehmen das ganze Ei) mit einem kleinen Teil vom vorzüglichsten, altbackenen und scharf ausgetrockneten, ebenfalls fein zerkleinerten Weizenbrot (Semmel, Wecken), welches aber nicht braun gebacken sein darf. Vielfach werden zur Zubereitung des Eifutters auch die unter dem Namen „Potsdamer Zwieback" bekannten Kinderzwiebäcke verwendet. Man nimmt auf ein normales Hühnerei drei dieser Zwiebäcke. Das seit Jahren eingeführte „Gofio" (Mehl) ist eine vorzügliche Beigabe zu Eifutter. Auf ein Ei nimmt man 3 Teelöffel Gofio, feuchtet es etwas an und nach kurzer Zeit kann es dem geriebenen Ei zugesetzt werden.

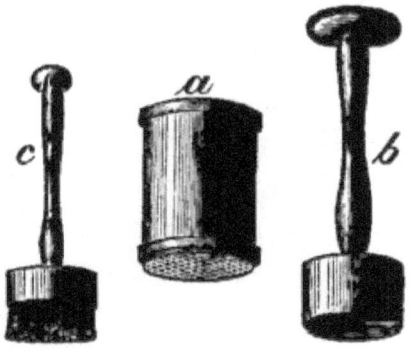

Abb. 28. Eier-Zerkleinerungsmaschine.

Dieses Gemisch wird sorgfältig zusammengerieben, unter Zugabe von ein wenig blauem Mohnsamen, bis zum ‚Buntwerden' der Masse. Der Zusatz von Mohn wird auch häufig fortgelassen. Die meisten Züchter feuchten es ganz schwach mit Wasser an. Es darf jedoch nur soviel sein, daß beides aneinander haftet; wird das Eifutter im geringsten zu naß, so erzeugt es leicht Durchfall. In großen Züchtereien, wo die Zubereitung des Eifutters sehr zeitraubend ist, bedient man sich dazu der Eier-Zerkleinerungs- oder Eier-Quetschmaschine (Abb. 28). Dieselbe besteht in einem einfachen Zylinder a), welcher am oberen Ende offen und am untern durch ein Metallsieb geschlossen ist, aus dem Kolben b) und der Metallbürste c). Das hartgekochte Ei wird von der Schale befreit, in den Zylinder gelegt und darauf vermittelst des Kolbens einfach durch das Sieb gedrückt, aus dem hervorkommend es eine krümlige, zum Futter verwendbare Masse bildet. Die beigegebene Metallbürste dient zur Reinigung der Vorrichtung von innen und außen. Der Preis beträgt 1 Mk. und auch 2 Mk. — Als Ersatz für das Eifutter empfiehlt Brandner sehr das Maizena-Biskuit, mit welchem andere Züchter freilich entgegengesetzte Erfahrungen gemacht haben. Der Genannte sagt: „Es übertrifft in allen Punkten weitaus das Ei und erspart namentlich viel Zeit. Man feuchtet es, solange der Kuchen noch frisch ist, nur mit Wasser ein wenig an und drückt es nicht aus. Ist er älter, 6—10 Tage, so wird ein wenig mehr Wasser genommen. Ein Kuchen hält sich selbst im Sommer 8 Tage lang ohne Schimmel, im Winter bis zu 12 Tagen, wenn er nicht luftdicht oder ungetrocknet verschlossen wird. Die Beschaffung durch den Konditor ist allerdings bedeutend teurer als die Benutzung des Hühnereies, wenn die eigene Zubereitung (die Vorschrift zu derselben finden die Leser weiterhin) aber gelingt, so stellt er sich ein Drittel billiger." Im Handel ist Maizena-Biskuit überall zu haben. Es wird in kleinen Stücken zum Preis von zehn Pfennig verkauft. Diese Stücke halten sich lange, ohne schlecht zu werden. Zum Verfüttern feuchtet man es nur wenig an, ohne

es auszudrücken. — Noch kann man anstatt des Ei=
futters das beste Kinder= oder Löffelbiskuit,
kaum angefeuchtet, zur Aufzucht der Jungen geben,
zumal wenn manche Weibchen jenes nicht gern fressen.
— Man gibt das Eifutter täglich regelmäßig zwei=,
und sobald Junge vorhanden sind, dreimal, doch
nicht mehr nach 5 Uhr abends, wohl aber morgens
möglichst früh. Um den fütternden Weibchen eine
Abwechslung im Futter zu bieten, ist als Morgen=
futter eine Gabe von Biskuit zu empfehlen. —
Manche Züchter reichen auch mehrerlei Sämereien,
außer Rübsen noch Kanariensamen, Mohn, Hafer,
amerikanische Hafergrütze und selbst etwas Hanf,
ferner geriebene Möhren u. dergl. Ein möglichst
mannigfaltiges Futter ist nicht ohne Einfluß auf die
kräftige Entwicklung, schöne und regelmäßige Färbung
und Zeichnung des Gefieders; doch gebe man es nur
in kleinen Portionen.

Die Futterstoffe für alle Kanarienvögel. Den
Sommerrübsen erhält man nicht leicht in brauch=
barer Beschaffenheit; gewöhnlich ist er mit Winter=
rübsen, Raps= und am häufigsten mit Hederichsamen
untermischt, und diese Sämereien, namentlich die
letzteren, sind für die zarteren Vögel geradezu
Gift. Guter Sommerrübsen muß vollkörnig, dunkel=
violettbräunlich sein und einen süßen, walnußartigen
und mildgewürzigen Geschmack haben. Er muß frei
von Schimmel oder mulstrigem Geruch und der

Geschmack darf nicht bitter, ranzig oder brennend sein. Die Sommersaat ist selten ganz frei von Wintersaat oder Hederich und auch die goldene Aue bei Nordhausen vermag sich nicht immer gegen letzteren Feind der Landwirte zu schützen, da er eben in allen Sommerfrüchten gedeiht. Häufig verdirbt guter Sommersamen aber auch noch im Besitz der Kaufleute oder bei den Züchtern selbst, wenn es versäumt wird, ihn regelmäßig zu lüften und zu sieben, da er leicht muffig und ranzig wird und noch leichter Milben darin sich entwickeln, wodurch er dann ebenso schädlich werden kann, wie der Hederich. Sommerrübsen läßt sich mit dem Daumennagel auf harter Unterlage mild und weich zerdrücken, der Hederichsamen leistet Widerstand, fliegt unterm Nagel weg. Unter der Lupe zeigt der Sommerrübsen eine poröse mit Vertiefungen und Narben versehene Oberfläche und daher erscheint er dem unbewaffneten Auge rauhschalig. Der Hederich ist glattschalig, das Korn rund und narbenlos. Die Hülsen von Sommerrübsen liegen locker, flockig beweglich im Freßnapf. Die vom Hederich sind fest, dickschalig, unbeweglich und nicht mit eiweißartigen Zellenüberbleibseln untermischt. Der Hederich schmeckt anfangs dem Mohn ähnlich, im Nachgeschmack aber ranzig und beißend bitter. Die übrigen genannten ähnlichen Samen lassen sich bei großer Aufmerksamkeit in folgender Weise unterscheiden. Winterrübsen und Raps haben dunklere, schwärzlich=braune und der letztere hat auch weit größere Körner, deren Geschmack entschieden bitterlich ist. Für den Einkauf des besten, hederichfreien Sommerrübsens wende man sich nur an durchaus zuverlässige Vogelfutterhandlungen.

Der Kanariensamen, richtiger Kanariengrassamen, auch Glanz= oder Spitzsamen genannt, muß trocken, rein gelb, glänzend und recht großkörnig sein, nicht dumpf oder sonst übelriechend. Er ist für viele Vogelarten und namentlich auch für die deutschen, sowie für die holländischen und englischen Kanarienvögel ein sehr gern gefressenes und zuträgliches Futtermittel.

Hanfsamen muß rein und recht großkörnig sein, ohne dumpfen oder ranzigen Geruch und von süßem, keinesfalls scharfem Geschmack, sodann weder ganz frisch, noch bereits zu alt geworden. Er gilt als ein vorzügliches Ernährungs= und Kräftigungsmittel, wie für andere Finkenvögel, so auch für die gemeinen und Holländer Kanarien. Für jüngere Vögel muß man ihn natürlich quetschen, doch niemals mehr, als für die einmalige Fütterung nötig ist, weil er sonst leicht ranzig wird. Die älteren kräftigeren Vögel spalten sich die Körner selber. Manche Liebhaber kochen den Hanfsamen, doch halte ich dies nicht für gesundheitszuträglich.

Mohnsamen, sowohl blauer, als auch weißer, wird vorzugsweise nur als Heilmittel in den weiter=

hin im Abschnitt „Krankheiten" angeführten Fällen gegeben. Sie müssen beide von reiner Farbe, völlig reif und gut getrocknet, keinesfalls feucht, schimmelig dumpfig oder sonst übelriechend, ranzig oder sauerschmeckend sein.

Hafer, kommt nur im gespelzten Zustande zur Verwendung, er muß von rein weißgelber Farbe, vollkörnig, nicht mit schwarzen Körnern oder mit Unkrautsamen vermischt sein.

Grünkraut (vgl. S. 100 u. 101). Alle Kanarienvögel fressen Kreuzkraut (Senecio vulgaris), Vogelmiere (Stellaria media) und die noch grünen Samenrispen des breitblätterigen Wegerich (Plantago media) überaus gern. Man achte darauf, nicht fremde, bzl. schädliche Pflanzenstoffe*) mitzufüttern; notwendigerweise muß man daher jede Grünfuttergabe sorgfältig durchsuchen. Auch darf das Kraut niemals naß (beregnet oder betaut) und kalt bereift, oder gefroren, oder wenn viel auf einem Haufen gelegen, heiß und faul geworden, den Vögeln gereicht werden.

Sepienschale, Sepia, Sepien- oder Tintenfischbein (Ossa sepiae) kommt von dem im Meer lebenden Tintenfisch und wird aus den Vogelhandlungen, Apotheken oder Droguenhandlungen

---

*) Alles Grünkraut, welches für Vögel überhaupt in Betracht kommen kann, ist in dem Werk „Die fremdländischen Stubenvögel" von Dr. Karl Ruß, Band IV, „Lehrbuch der Stubenvogelpflege, -Abrichtung und -Zucht" eingehend beschrieben.

geholt. Sie besteht in tierischem Kalk, von Salz durchdrungen und wird von allen Vögeln gern genommen. Man klemmt ein Stückchen zwischen die Sprossen des Käfigs oder in einen Sepiaschalenhalter (Abb. 29). Das Innere der Schale muß rein und sauber sein und darf keinesfalls faulig riechen.

Die Bereitung des Eifutters ist S. 103 angegeben. Man hüte sich, die Eier zu demselben oder an sich jemals anders als ganz frisch zu benutzen. Zur Vogelfütterung sind Hühnereier allen übrigen entschieden vorzuziehen. Das Ei wird 10 bis höchstens 12 Minuten gekocht. — Das Weizenbrot für dieses Eifutter muß in bester, gut ausgetrockneter Semmel, sog. Wecken oder Weißbrötchen (nicht aber Milchbrötchen) Zwieback bestehen.

Abb. 29. Sepiaschalenhalter.

Man kauft dasselbe frisch, zerschneidet es in Stücke und läßt diese mindestens acht Tage lang austrocknen. Unzerschnitten aufbewahrte Semmel bleibt beim Aufweichen in der Mitte hart und unverdaulich. Seit Jahren sind verschiedene Zwiebackmehle im Handel, die sich als Zusatz zum Ei gut bewährt haben. Von diesen ist unter anderen Gofio sehr beliebt. Andere Züchter gebrauchen das Zwiebackmehl von Fries in Homburg; außerdem gibt es noch viele andere gute derartige Futterzusatzmittel.

Eierbrot wird aus 30 Teilen feinsten Weizenmehls und 3 bis 4 Teilen ganzer gequirlter Hühnereier (also Gelb und Weiß zusammen) nebst ausreichendem Wasser zum Teige geknetet, in kleine Brötchen geformt und scharf ausgebacken. Es hält sich monatelang und wird entweder fein gerieben oder in Wasser eingeweicht und gut ausgedrückt verfüttert.

Maizena-Biskuit. „Von 11 Eiern wird das Weiße zu steifem Schnee geschlagen, darauf, unter beständigem Schlagen, das Gelbe so rasch wie möglich hineingerührt, alsdann 80 Gramm Zucker und 140 Gramm Maizena (feines amerikanisches Maismehl) hineingesiebt. Das Ganze schüttet man hierauf in eine mit Butter ausgeschmierte und mit Zwieback bestreute Form aus Blech, um es bei ziemlich entwickelter Ofenhitze $3/4$ bis 1 Stunde backen zu lassen" (Brandner). In allen Vogelhandlungen käuflich.

„Zwieback für Kanarien. 2 Pfund besten Weizenmehls im Kaufwerte von zusammen 32 Pfg. werden mit in Wasser aufgelöster Hefe (für 10 Pfg.) angerührt, dann 10 Eidotter und zuletzt das zu Schnee geschlagene Eiweiß von 10 Eiern hinzugefügt und die ganze Masse gut zu einem Teige zusammengerührt und in einer mit geriebenen Brötchen (Weizenweißbrot) bestreuten Kuchenform im Bratofen einer Kochmaschine bei gutem Feuer während $3/4$—1 Stunde zu einem hellgelben porösen Kuchen ausgebacken. 10 Eier kosteten hier zuletzt im August zusammen 70 bis 75 Pfg., sie wogen ohne Schale 442 Gramm, mit der Schale 47 Gramm mehr; schwerer sind sie hier im Handel nicht zu haben. Die Feuerung verursacht keine besonderen Kosten. Nachdem der Kuchen erkaltet ist, wird er in dünne Scheiben geschnitten und wieder in der Kochmaschine solange geröstet, bis die einzelnen Scheiben hart bis zum Mahlen geworden sind, ohne daß dieselben ihre ursprüngliche hellgelbe Farbe verloren hätten. Von dem so hergestellten Zwieback wird dann eine beliebige Menge zunächst zerkleinert und dann auf der gehörig ausgestaubten Kaffeemühle zweimal gemahlen. Das so gewonnene Mehl kann mit etwas Zucker versüßt werden; notwendig ist dies gerade nicht, aber die Kanarien lieben bekanntlich Süßigkeiten. Diese haben auch bei Heiserkeit, Husten usw. eine lösende Wirkung und der Zucker ist überdies ein Fettbildner, wenn er auch zur Blutbildung nichts beitragen kann" (Böcker).

Trinkwasser. In der Regel gibt man täglich zweimal frisches Wasser, welches jedoch in der kalten Jahreszeit vorher bereits zwei Stunden in der warmen Stube in einer mit Papier bedeckten Kanne oder Glasflasche gestanden haben muß. Hat man die S. 89 beschriebenen Trinkgefäße, welche zugleich als Badenäpfe dienen, im Gebrauch, so versäume man nicht, nach dem Baden stets sogleich das Wasser zu er=

neuern und dann den Deckel darauf zu legen. Von Vorteil ist es, die Vögel mit Vorsicht allmählich an kaltes Trinkwasser zu gewöhnen. Meine Vögel erhalten ihr Wasser direkt von der Leitung, Sommer und Winter, wodurch unbedingt die Heiserkeit vermieden wird.

Wärme. Die Harzer Kanarien der edelsten Stämme werden, namentlich in Andreasberg, in überaus hoher Wärme gezogen. Die Züchtereien dort haben im Durchschnitt eine solche von 16—18 Grad R. welche während der Brutzeit wohl bis auf 24 Grad erhöht, zur Mauserzeit mindestens ebenso hoch gehalten und nach derselben bis zu 15 Grad allmählich herabgemindert wird. Gut ist es, wenn man die edlen Vögel mit der Zeit an gewöhnliche, aber etwas feuchte Stubenwärme gewöhnt, denn in derselben hält sich selbst der zarteste Sänger für die Dauer am besten. Zur Zeit der Mauser muß man allerdings vorsichtig sein und die Wärme lieber etwas höher halten. Ist der Raum aber zu heiß, so tritt die Mauser zu zeitig ein und unterbricht oft den guten Verlauf der Hecke; auch leiden die jungen Vögel durch den zu zeitigen Federwechsel. In der Hecke der gewöhnlichen deutschen Kanarienvögel braucht nur eine Durchschnittswärme von 15 Grad R. zu herrschen.

Gesundheitspflege. Außer dem Futter muß man auch stets kalkhaltige Stoffe, wie Sepienschalen oder

sein zerstoßene Schalen von Hühnereiern geben.
— Der Sand, mit welchem der Boden der Schublade oder der Vogelstube bestreut wird, darf niemals feucht oder gar vom Grundwasser durchzogen sein; am besten ist nicht zu grobkörniger Flußgrand. Hat man keinen andern, als etwas scharfen Flußsand, so trocknet man ihn zuerst gehörig aus und vermischt ihn dann mit guter Gartenerde etwa zum dritten Teil. — Selbstverständlich muß der **einzelne Kanarienvogel**, gleichviel von welcher Rasse, reinlich gehalten werden. Die Schublade des Käfigs wird am besten an jedem Morgen oder wenigstens alle zwei bis drei Tage ausgekratzt und mit frischem Sand bestreut. In ähnlicher Weise muß man die **Vogelstube oder fliegende Hecke** reinhalten. Niemals lasse man den Schmutz sich so ansammeln, daß er rieche oder daß die Vögel sich die Füße verunreinigen. — Über das Baden ist auf S. 89 gesprochen. Dem einzeln gehaltenen Sänger stellt man ab und zu, namentlich im Sommer, einen Badenapf in den Käfig und nimmt diesen, nachdem der Vogel gebadet, wieder heraus. Zweckmäßig ist es, ein kleines Badehäuschen vor die Baueröffnung zu hängen (S. 85). Auch dem brütenden Weibchen kann ein Bad gestattet werden. Es ist für den Verlauf der Brut von keinerlei Nachteil. — Während der Hecke sind die alten und nicht minder die jungen Vögel gegen Zugluft und Nässe, plötzliche und große

Wärmeschwankungen, verdorbnes Futter und Wasser, fauliges Grünkraut u. dergl. vorzugsweise zu bewahren. Überhaupt sind, ebenso wie beim Menschen und den meisten Tieren, Reinlichkeit, frische, reine Luft und Licht, nebst guten und zuträglichen Nahrungsmitteln, die ersten Erfordernisse des Wohlgedeihens. Bei milder Witterung lasse man Tag und Nacht die Fenster offen.

Ungeziefer. Wenn ein Vogel Milben (Vogelläuse) bekommen hat, so wird er an den Stellen, an welchen er sich nicht selber putzen kann, also an Kopf, Schultern und Oberrücken, mit verdünntem Glycerin bestrichen und darüber bläst man vermittelst einer Federspule Insektenpulver, welches für den Vogel völlig unschädlich ist und daher in das ganze Gefieder eingestreut werden kann; doch achte man darauf, daß es ihm nicht in Augen, Nasenlöcher oder Schnabel kommt. Man kann ihn auch vorsichtig mit Insektenpulvertinktur sorgfältig bepinseln. Ferner darf man eine Auflösung von Karbolsäure (1 T. K. = 100 T. Wasser) zum Bestreichen der vom Ungeziefer heimgesuchten Stellen benutzen. Dann gibt man dem Vogel am nächsten Tage Badewasser. Hauptsächlich aber wechselt und reinigt man seinen Käfig durch Ausbrühen mit heißem Wasser und stellt denselben zugleich auf eine andre Stelle. Um zu erkennen, ob ein Vogel Milben hat, untersuche man ihn an den genannten Stellen, indem man die

Federn aufwärts bläst; man wird die roten Tierchen auch mit bloßem Auge entdecken. Ebenso kann man den Käfig über Nacht mit einem weißen Leinentuch bedecken; des Morgens wird man die Milben mehr oder minder zahlreich an dem Tuch finden. Das Bepinseln des Käfigs mit Petroleum, Benzin, Terpentin u. dergl. unterlasse man, weil der Geruch aller dieser Mittel den Vögeln überaus unangenehm und schädlich ist. Ebenso zeigt es sich, daß der Vorschlag, Springstäbe von Rohr zu geben und diese an jedem Morgen auszuklopfen, durchaus keine Abhilfe gewährt, denn in denselben sammeln sich wohl Milben an, doch behält der Vogel ihrer noch immer nur zu viele. Da die beiweitem meisten Milben tagsüber in Ritzen und Spalten sich verbergen und nur nachts den Vogel heimsuchen, während sich in jenen Schlupfwinkeln auch ihre Brut entwickelt, so ist es wesentlich, daß der Käfig ganz von Metall, am besten verzinnt, sei und daß er nebst der Schublade aufs äußerste reinlich gehalten werde. Die stets aus weichem Holz zu fertigenden Stäbe betupft man wohl an beiden Enden mit einem Tropfen Leinöl oder Lebertran, wie denn überhaupt jedes flüssige Fett für die Milben totbringend ist, man muß aber durch Ausbrühen das Öl immer wieder bald entfernen, damit es nicht ranzig und übelriechend wird. Kleine Apparate, sog. „Milbenfänger" werden in verschiedener Konstruktion hergestellt. Mit einigen sollen

8*

gute Erfolge erzielt sein. — Wenn junge Vögel in den Nestern von Milben befallen sind, so bleiben sie im Wachstum erheblich zurück und gedeihen überhaupt nicht gut. Man nimmt dann ein anderes Harzerbauerchen mit ähnlicher Einrichtung, drückt in das letztere etwas von den gleichen (aber nicht von den alten, beschmutzten) Nestbaustoffen fest und glatt hinein, bestäubt sie dünn mit gutem Insektenpulver, hebt die Jungen vorsichtig aus dem alten Nest, und legt sie in das neue. Das alte Nest wird sodann fortgenommen, aller Nestbaustoff verbrannt und das Nestkörbchen nebst Harzerbauer oder sonstiger Nistvorrichtung mit siedendem Wasser ausgebrüht. Bevor man das neue Nest mit den Jungen aber an dieselbe Stelle hängt, wird die Wandfläche entweder rasch mit heißem Wasser abgewaschen und mit einem Tuch wieder trocken gerieben oder besser ganz dünn mit Rüb- oder Leinöl bestrichen und Insektenpulver darüber geblasen; auch das Bepinseln mit Insektenpulver-Tinktur ist wirksam.

Mäuse. Schon bei der Wahl der Vogelstube muß man darauf Bedacht nehmen, daß, abgesehen von größerem Raubzeug, keine Ratten und Mäuse hineingelangen können. Man füllt alle Löcher und weiteren Spalten mit einem Gemisch aus feinen, spitzen Glassplittern und staubtrocknem Sande aus, pfropft darüber Ziegelsteinstückchen hinein und verstreicht dann noch sorgfältig mit Zement. Sollten dennoch Mäuse hineingekommen sein, welche am Futter Schaden machen, die Jungen aus den Nestern fressen und überhaupt Störungen verursachen, so ist die Vernichtung derselben sehr schwierig. Gift läßt sich kaum anwenden, denn man gefährdet dadurch ja nur zu leicht auch die Vögel, und in Fallen gehen die schlauen Nager selten mehr hinein, sobald bereits einige gefangen sind. Sehr bewährt haben sich die „Automatischen Mäusefallen" und da, wo die Zucht in Käfigen betrieben wird, auch kleine Bügelschlagfallen.

Zucht.

Die verschiedenen Arten der Hecke. Es sind im ganzen drei Heckarten zu unterscheiden.

1. Die Zimmer- oder Käfigflughecke mit mehreren Hähnen und je 3—5 Weibchen.

2. Die Käfighecke mit 1 Hahn und 3—4 Weibchen. Eine Unterabteilung dieser Hecke ist die weiterhin besprochene Abteilungs- oder Wechselhecke (in der Regel mit 1 Hahn und 3—4 Weibchen).

3. Die Einzelhecke mit einem Hahn und einem Weibchen.

Die Zimmer- oder Käfigflughecke kommt nur in Betracht, wenn eine möglichst große Zahl von Vögeln ausschließlich des Erwerbes wegen gezüchtet werden soll. Für den Sportzüchter hat sie keine Bedeutung, weil ein zielbewußtes planmäßiges

Herauszüchten oder die Erhaltung eines guten Stammes durch sie unmöglich ist. Die wenigen Vorteile, die die Flughecke vor den anderen Hecken bietet, sind für die Hebung der Kanarienvogelzucht und für die Veredlung des Gesanges ohne Bedeutung. Der Betrieb der Flughecke ist allerdings etwas müheloser und billiger. Diesen Vorteilen steht aber eine lange Reihe von Nachteilen gegenüber. Der Sauerstoffverbrauch in einer solchen Hecke ist ein großer, die Verschlechterung der Luft durch die Ausdünstungen und Entleerungen der Vögel ist eine nicht zu unterschätzende Gefahr, die Erneuerung der Luft ist schwierig. Die Folge hiervon ist, daß sich leicht Krankheitsherde bilden und man stets das Auftreten leicht übertragbarer Krankheiten befürchten muß. Seuchenartige Krankheiten können aber alle Insassen des Flugkäfigs oder der Vogelstube gefährden und der Hecke ein vorzeitiges Ende bereiten.

Die Kontrolle während des Verlaufs der Hecke ist so gut wie ausgeschlossen. Helfende Eingriffe des Züchters, die fast bei jeder Hecke notwendig sind, sind schwer ausführbar. Schon beim Beginn der Hecke, beim Einwurf zeigt sich die Schwierigkeit ihrer Durchführung. Da sind die ewigen Streitereien der paarungslustigen Weibchen unter einander, die Kämpfe unter Hähnen. Es ist kaum möglich, die unverbesserlichen Störenfriede zu erkennen, noch sie rechtzeitig zu entfernen. Endlich sitzen die ersten Weibchen und brüten ober haben gar schon Junge. Der Hahn sitzt vor dem Nest und will seiner Ehehälfte und den Jungen seine schönsten Weisen vortragen. Er hat einige Touren vorgebracht, da stört ihn eins von den noch nicht sitzenden paarungsbedürftigen Weibchen. Er bricht den Gesang kurz ab, es gibt ein Ankrächzen und ein Verfolgen und es herrscht große Unruhe im Käfig. Daß hierbei nicht gerade angenehme und schöne Töne ausgestoßen werden, leuchtet ein. Und gerade diese Töne prägen sich den jungen Vögeln im Nest schon ein, sie vor allen Dingen werden nachher im Gesang gebracht, weil sie leicht wiederzugeben sind. Aber der Widerwärtigkeiten und Schwierigkeiten werden noch mehr, sobald junge Vögel das Nest verlassen. Das Durcheinander und die Unruhe der Hecke wird immer größer, so daß selbst ein geübter Züchter nicht Herr der Situation bleibt. Und was ist das Resultat? Unter günstigen Umständen eine große Anzahl minderwertiger Vögel. Die Anzahl der erbrüteten Junghähne müßte schon eine sehr große sein, um einen besseren pekuniären Ertrag zu bringen, als ihn eine gut und sachgemäß durchgeführte Käfighecke erwarten läßt.

Die Käfighecke hat sich als die praktischste erwiesen und ist bei fast allen Züchtern, welche Wert auf eine gute Nachzucht legen, in Gebrauch. Auch hier bleiben natürlich besonders beim Beginn der Hecke Streitereien nicht aus; aber es ist dann ein leichtes, unverbesserliche Störenfriede zu beseitigen. Auch im Verlauf der Brut ist es leicht, die Nester zu kontrollieren, und wenn es nötig ist, helfend einzugreifen. Der größte Vorteil vor der Flughecke besteht aber darin, daß man einem Hahn diejenigen Weibchen geben kann, von denen man erwartet, daß sie eine gute Nachzucht liefern. Auch die Zahl der erbrüteten Jungen wird eine nicht geringe sein, wenn der Züchter genügend Erfahrung und Umsicht besitzt. Die Junghähne werden in ihren Sangesleistungen stets besser sein, als die in einer fliegenden Hecke gezogenen. Die Entstehung und Ausbreitung von Krankheiten ist leichter zu verhüten. Zur weiteren Durchführung einer vernünftigen Zuchtwahl, welche zur Vervollkommnung des Gesanges durchaus notwendig, kann die Abstammung der jungen Vögel durch Umlegen der auf S. 142 besprochenen Fußringe kenntlich gemacht werden. Die Käfighecke erfordert für Fütterung und Pflege der Vögel, Reinigung der Käfige mehr Zeit als die Flughecke und ist kostspieliger als diese, wenn es sich um die gleiche Anzahl Zuchtvögel und deren Unterbringung handelt. Eine recht mühevolle, zeitraubende und an den Züchter große Ansprüche stellende Züchtungsart ist die in dem Abteilungskäfig. Der Heckkäfig ist durch 2—3 einschiebbare Wände in 3—4 Abteilungen geteilt. In jeder Abteilung befinden sich außen angebrachte Nistvorrichtungen für ein Weibchen. Die Abteilungs=

wände haben je eine Schiebetür, die beim Beginn der Hecke offen steht.

Man wirft einen Hahn und drei Weibchen ein. Sobald nun ein Weibchen gebaut und gelegt hat und auf den Eiern brütet, wird die Schiebetür der Abteilung geschlossen und der Hahn bleibt solange bei den übrigen Weibchen, bis auch diese sitzen, dann wird er ganz aus der Hecke genommen. Man hat hierdurch erreicht, daß das brütende Weibchen nicht durch das Herumjagen der anderen gestört wird. Diese Heckart ist sehr kostspielig und zeitraubend. Man hat statt einmaliger Fütterung für 4 Vögel, jeden einzeln zu versorgen, also viermal zu füttern.

Am wenigsten im Gebrauch ist die Einzelhecke. Und doch hat sie große Vorzüge. Mit ihr sollte der Anfänger in der Kanarienzucht beginnen, um zu lernen und Erfahrungen zu machen, bevor er eine Käfighecke einrichtet. Für den eifrigen Züchter kommt sie weniger in Betracht, weil ihre Vorteile, ihre Mühe und Kostspieligkeit zu wenig im Einklang steht mit dem Ergebnis der Zucht. Trotzdem wird sie auch ab und zu von Sportzüchtern betrieben. Bei geschickter Auswahl der Zuchtvögel wird das Zuchtresultat sowohl der Zahl, wie besonders den Leistungen nach völlig befriedigen. Der Verlauf der Zucht in der Einzelhecke geht glatt von statten, Störungen sind so gut wie ausgeschlossen. Der

Hahn, der geschlechtlich und körperlich weniger an=
gestrengt wird, trägt ruhig und fleißig ohne plötzliche
Unterbrechung sein Lied vor, ein Umstand, der für
die Vorbildung der jungen Nestvögel von großem
Wert ist. In gesanglicher Beziehung werden Hähne,
die aus Einzelhecken hervorgehen, in den meisten
Fällen mehr leisten, als die in anderen Hecken ge=
zogenen.

Auswahl der Zuchtvögel und Behandlung derselben.
Je nachdem man bei der Züchtung verschiedene Zwecke
verfolgt, muß man auch in dieser Hinsicht von ver=
schiedenen Gesichtspunkten ausgehen. Will man be=
stimmte Farben züchten oder eine Farbenrasse recht
rein erhalten oder, abgesehen von allen Färbungen
und Zeichnungen, nur vorzügliche Sänger erziehen —
immer wird man die betreffenden Zuchtvögel anders
wählen müssen.

Um vor allem einen vorzüglichen Kanarien=
vogel=Stamm, d. h. also eine Familie kräftiger,
herrlich singender oder voll und reich gefiederter oder
schön und in ganz bestimmter Weise gefärbter Vögel
zu erziehen, bedarf es nachfolgender Regeln. Man
vermeide, verwandte Vögel, also Geschwister oder Alte
mit ihren Jungen, zusammenzupaaren, weil durch
die Blutsverwandtschaft oder Inzucht Unfruchtbar=
keit, manche Krankheiten, Gebrechen, ja selbst einzelne
Untugenden vererbt werden können, ferner weil da=
durch der Grund zur Entartung und zu dem gänz=

lichen Verkommen des Stammes gelegt werden kann.*) Grau- oder gelblichgrüne Vögel hält man für die gesundesten, ausdauerndsten und fruchtbarsten; auch sollen sie am sichersten nisten. Sie werden nicht selten von reingelben Alten gezogen und müssen dann als ein Rückschlag zur ursprünglichen Färbung betrachtet werden. Die strohgelben Kanarien sollen ebenfalls kräftig und ausdauernd sein, während die hell- und weißgelben Vögel für weichlich gehalten werden. Als noch weichlicher gelten die hoch- oder goldgelben Kanarien, welche ihres dünnen Gefieders wegen sich leicht erkälten und Krankheiten zuziehen.

Um recht gute Heckvögel zu erhalten, wählt man im Herbst unter den vielen dann zu Markt kommenden Vögeln recht gesunde, kräftige Weibchen aus. Namentlich achte man bei denselben auf naturgemäße Beschaffenheit des Unterleibs. Kranke und schwächliche Weibchen, sowie solche, die einen unangenehmen Lockton haben, sind sorgfältig auszuscheiden, letztere besonders bei der Zucht des edlen Kanarienvogels. Besitzt der Züchter einen guten Stamm, so suche er vor allem die Weibchen zu erhalten. Denn nur dann kann er etwas gutes

---

*) Die Frage, ob die Inzucht wirklich so verderbliche Folgen bringe oder nicht, ist neuerdings zur lebhaften Erörterung gelangt — aber noch keineswegs für oder wider mit Sicherheit entschieden. Für den Züchter bleibt Vorsicht immerhin ratsam.

erreichen. Junge Männchen und ältere Weibchen erziehen in der Regel mehr Männchen als andere Pärchen; ältere Weibchen brüten und füttern besser als junge. Manche Züchter hingegen meinen, daß verschiedenalterige Vögel nur Schwächlinge hervorbringen, doch ist dies nicht erwiesen. Im allgemeinen nimmt man an, daß Männchen und Weibchen zwischen dem zweiten und vierten Lebensjahr am besten nisten und nach dem vierten bis sechsten kaum mehr zur Zucht taugen. Im Harz behält man auch die Männchen nicht länger zur Zucht als höchstens drei Jahre; später wird solch ein Vogel ein ‚Schiertramper‘, d. h. einer der nicht mehr zuchtfähig ist, oder er geht auch wohl im Gesang zurück.

Jeder einzelne für die Hecke bestimmte Vogel muß durchaus tadellos sein, sowohl hinsichtlich seiner Gesundheit, als auch der Körpergestalt. Eine sorgfältige Untersuchung vor dem Zusammensetzen ist daher notwendig. Es werden Brust, Unterleib, After, Gefieder, Füße genau besichtigt. Jeder krankhafte, sehr magere, zu fette, am Unterleib beschmutzte oder sonstwie untaugliche, selbst der nur verdächtige Vogel bleibt daraus zurück; denn jede Krankheit vererbt sich in übelster Weise fort, und besonders bei den zarten Kanarien hüte man sich, heisere, kurzatmige oder sonst wenn auch nur wenig kränkliche Vögel zur Zucht zu verwenden; anderenfalls geht nur zu leicht die ganze Nachkommenschaft an Lungen-

schwindsucht zugrunde. Ein ausgerissener Schwanz oder sonst mangelhaftes Gefieder bei Männchen oder Weibchen ist für die Zucht nachteilig. Man zieht den Vögeln etwa sechs Wochen vor dem Beginn der Hecke alle schadhaften Federn behutsam aus, diese wachsen bald nach, so daß die Vögel im vollen Gefieder eingesetzt werden können. Auch die Füße müssen, wenn nötig, gereinigt und die zu langen Nägel an den Krallen müssen gestutzt werden. Man hält die Kralle gegen das Licht und schneidet vermittelst einer scharfen Schere so weit, daß man das durchscheinende Leben=
dige nicht berührt. Dadurch verhütet man vor allem, daß die Vögel faserartige Baustoffe und damit Eier und Junge aus dem Nest herausreißen.

Auswahl zur Züchtung der Farbenvögel („Durchzucht', ‚Ausstich'). Erfahrene Züchter haben festgestellt, daß bei der Farben=Züchtung immer die Wahl des Männchens maßgebend ist, während das Weibchen einfarbig sein muß. Um z. B. hoch=
gelbe, grüngehäubte Vögel zu erziehen, nimmt man ein solches Männchen, dagegen ein grünes, glatt=
köpfiges Weibchen. Je reiner die Vögel ‚durchgezogen' sind, d. h. aus je mehreren Bruten man solche Vögel rein erhalten hat, desto reiner fällt die Nachzucht derselben aus. Ein gelbes Pärchen, gleichviel von welcher Abstammung, von Grünen oder Grauen, zieht Junge unter denen ein gelbes Männchen ist; dieses zieht im laufenden Jahr, im Käfig abgesondert

mit einem gelben Weibchen, wieder Junge auf, unter denen sich abermals ein gelbes Junges befindet. Der letztere gelbe Vogel mit einem gelben Weibchen zusammengepaart, welches in gleicher Weise durch zwei Bruten rein gezogen ist, wird niemals andere als nur reingelbe Junge hervorbringen. Hat man in dieser Weise drei bis vier Pärchen gesammelt und setzt sie in einen Zimmerflug, so darf man nicht befürchten, jemals abweichend gefärbte Vögel zu bekommen. Die Stammhalter einer solchen Gesellschaft aber müssen durchaus in Käfigen gesondert aufgezogen sein, wenn man seiner Sache gewiß sein will. Dasselbe gilt für alle einfarbigen für die hochgelben, strohgelben, weißen, grünen, grauen und isabellfarbigen, nicht aber für die gezeichneten Vögel. Letztere sind weit mehr dem Zufall unterworfen und man darf froh sein, wenn man von vier oder fünf Bruten einen einzelnen seltenen ‚Ausstich‘, d. h. einen sehr schön gezeichneten Vogel bekommt. Auch hier ist es von großer Wichtigkeit, daß zwei rein durchgezogene Vögel zusammenkommen, z. B. ein schön gehäubter grüner Hahn mit einem strohgelben Weibchen; dann werden die meisten der erzielten Jungen immer den Alten gleichen, nämlich ebenfalls einfarbig grün oder gelb sein; kommt jedoch eine Farbenmischung vor, so gibt es gewöhnlich einen ‚Ausstich‘. Solche ‚Ausstichvögel‘ benutzt man dann, wie vorhin angegeben, zur Fortpflanzung seltener Zeichnungen.

Grüne und isabellfarbige vermischen sich nicht, d. h. diese beiden Farben kommen nicht bei demselben Vogel zugleich vor; zusammengepaart bringen sie nur Junge, welche jede Farbe allein zeigen. Im übrigen will man festgestellt haben, daß folgende Paarungen ziemlich sicher einschlagen: Schwarz- und Grünplättchen werden von einem solchen Männchen und einem reingelben Weibchen, Grün- oder Schwarzschwalben von einem grau- oder schwarzgrünen gehäubten Männchen mit einem glattköpfigen hochgelben Weibchen, Isabellschwalben ebenso von einem gehäubten Isabellmännchen mit einem goldgelben glattköpfigen Weibchen und Grau-, Grün- und Schwarzgehäubte werden von einem solchen Männchen mit einem hoch- oder strohgelben Weibchen gezogen. Dr. v. Glöden züchtete von einem hochgelben Männchen und einem isabellfarbenen Weibchen ganz hochgelb gefärbte (neben isabellfarbnen) Junge. Alle obigen Angaben sind selbstverständlich nur als im allgemeinen zutreffende Regeln anzusehen. — Züchtung gehäubter Vögel. Inbetreff der Tolle ist zu bemerken, daß dieselbe bei dem Zuchtvogel federreich und gleichmäßig aufgerichtet, nicht aber an einer Seite niedergedrückt oder in der Mitte und am Genick dünn oder kahl sein soll. Vögel, welche solchen Makel haben, darf man nicht zur Zucht bringen, weil ihre Jungen zuweilen halb oder ganz kahle Köpfe bekommen; ebenso soll man nicht zwei Gehäubte zusammenpaaren, weil sie nur in seltenen Fällen schöne Vögel, dagegen meistens Kahlköpfe erziehen. Auch hierin haben die Züchter freilich schon mehrmals abweichende Erfahrungen gemacht. Dr. v. G. züchtete von einem sehr schön gehäubten Männchen und einem fehlerhaft gehäubten Weibchen, gleicherweise wie von gut gehäubten Paaren prächtige Haubenvögel, allerdings neben einigen fehlerhaften mit kahlen Stellen. Ein anderer Züchter hatte von einem Zuchtpaar mit tadellosen Hauben durch drei Generationen gehäubte Vögel gezogen. Die Hauben der Nachzucht waren ebenso vollkommen, wie die der Stammeltern. Auch dies ist zwar eine gewonnene Erfahrung auf dem Gebiete der Vogelzucht, allein sie kann als Regel sicherlich doch keineswegs gelten. Die besten Resultate bei der Züchtung gehäubter Vögel werden erzielt, wenn ein gehäubter Vogel mit einem glattköpfigen gepaart wird, der von gehäubten Eltern stammt. Junge Vögel, deren Kappen schorf= ähnlich erscheinen, werden sonderbarerweise ‚Grün= schnäbel' genannt.

Die Ausrüstung der Kanarien zur Brut besteht darin, daß man die Zuchtvögel bereits vom Herbst an kräftig, doch nicht zu fett, mit den besten Säme= reien und wöchentlich mindestens zweimal mit Eifutter füttert. Ratsam ist es sodann, daß man sowohl die in Käfigen, als auch die in der Vogelstube nistenden Kanarien vor der Heckzeit so zahm und zutraulich wie irgend möglich zu machen sucht, damit sie beim Nahen nicht sogleich aus den Nestern flüchten, Eier und Junge herauswerfen oder letztere erdrücken. Niemals sollte man die Zähmung eines Vogels durch Gewaltmittel, Hunger, Durst und dergl. erzwingen wollen, sondern vielmehr ihn nur immer recht gleichmäßig ruhig und liebevoll behandeln, ihn niemals scheuchen und erschrecken — und die Zahmheit und Zutraulichkeit wird sich dann ganz von selber finden. — Bevor man die Vögel in den Heckraum, der mit mehreren Hähnen und den dazu gehörigen Weibchen besetzt werden soll, fliegen läßt, muß man jedes Männchen mit dem ihm bestimmten Weibchen etwa 14 Tage lang in einem Käfig abgesondert zusammen halten, damit sie sich paaren. Die stattgefundene Vereinigung zeigt sich durch Schnäbeln, gegenseitiges Füttern aus dem Kropf und leises, zärtliches Gezwitscher: eine solche Ehe währt dann fürs ganze Leben. Die derartige, vorherige Paarung ist jedoch nur notwendig, wenn man bestimmte Rassen oder Farben rein züchten will; kommt es dagegen auf eine recht reichliche Zucht an, so läßt man die selbstverständlich ebenfalls ausgesuchten Vögel ohne weiteres in die Vogelstube fliegen; doch ist es ratsam, daß man etwa vier Wochen vor dem ‚Einwurf‘, d. h. dem Zusammenbringen zum Nisten, sämtliche Männchen und Weibchen in einem großen Käfig vereinigt hält, damit sie sich aneinander gewöhnen und nicht erst in der Vogelstube Zänkereien beginnen.

Zeit des „Einwurfs". Der wilde Kanarienvogel beginnt, wie S. 12 angegeben, in der Mitte des Monats März mit der Brut; unsere Kulturvögel fangen schon viel früher an zu nisten, und wenn man einen Raum hat, welcher sich leicht erheizen läßt, so kann man die Hecke bereits zu Mitte Februar einrichten. Das Zuchtzimmer muß dann jedoch von früh bis spät und die ganze Nacht hindurch möglichst gleichmäßig erwärmt sein, weil bei bedeutenden Wärmeschwankungen die Weibchen oft an Legenot und die Männchen an Unterleibsentzündung erkranken und eingehen. Man muß daher, vorzugsweise bei der Zucht der edlen K a n a r i e n v ö g e l, stets auf die rauhere oder mildere Lage der betr. Gegend Rücksicht nehmen oder, wie es im Harz geschieht, wo man die Vögel in der Regel um Fastnacht zusammengibt, durch sorgsame, starke Heizung derartige Gefahren für die Vögel abwenden; einen nicht heizbaren Raum in einem kalten Landstrich besetzt man erst im April.

Vielweiberei oder Pärchen. Im allgemeinen rechnet man auf den Raum von etwa $1/50$ Kubikmeter ein Männchen und drei Weibchen zum „Einwurf" und bei weiterem Einwurf einen entsprechend größeren Raum. In Hinsicht der Zahl der Weibchen gehen die Meinungen der Züchter weit auseinander. Der

Erfolg der Harzer Zucht zeigte allerdings, daß ein Männchen sehr wohl mit vier und mehr Weibchen neben einander nistet und daß solche Bruten ergiebig werden können. Einige Züchter treten für Einehe ein. Es wird jedenfalls am richtigsten sein, wenn man sich nach der Eigentümlichkeit eines jeden Vogels richtet und den Männchen der größeren, meistens ruhigeren, matteren und fauleren Rassen nur je ein Weibchen und denen der kleineren, lebhafteren Rassen, je nachdem sie feurig und lebendig sich zeigen, zwei bis drei Weibchen gibt. Es ist überhaupt ratsam, von vornherein lieber einige Weibchen mehr in jede Flughecke zu setzen, als bei etwaigen Todes= oder sonstigen Unglücksfällen oder nach Entfernung von Störenfrieden und anderen untauglichen neue, fremde Weibchen hinzuzubringen. Da geht dann Streit und Zank von neuem an, und alle Bruten und selbst ausgeflogene Junge geraten in Gefahr. Jegliches Nisten wird unterbrochen und für lange Zeit verzögert.

Nisten. (Gelege, Brutdauer, Entwicklung der Jungen.) So ist nun die Vogelstube oder der Heckkäfig gut eingerichtet, und bald entfaltet sich ein reges Leben; die meisten Weibchen werden irgend eine von den Nistvorrichtungen (s. S. 95 ff.) wählen, nicht selten wird aber auch ein solches frei im Gebüsch sein Nest erbauen, wo man es immerhin ruhig nisten lassen darf, wenn das Nest fest genug ist, sodaß die Eier bzl. Jungen nicht herausfallen können. Andernfalls befestigt man an derselben Stelle ein Nestkörbchen und legt die bereits zusammengetragenen Baustoffe hinein. Dasselbe tut man, wenn ein Weibchen einmal oben auf dem Dache des Körbchens bauen sollte. Mitunter teilen sich auch zwei Weibchen in ein Nest, trotzdem es nicht an Bauplätzen fehlt. Dann bringt man dicht neben demselben ein zweites an und legt da hinein die Eier des einen Weibchens, welche sich von denen der anderen Brüterin immer

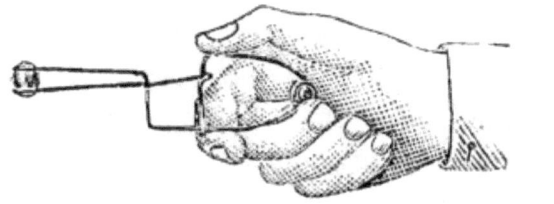

Abb. 30 u. 31. Eierzange.

etwas durch ihre Farbe unterscheiden. Solche hier notwendigen Eingriffe gelingen fast ohne Ausnahme. Man hüte sich dabei aber, die Eier mit den bloßen Fingern anzufassen, sondern man nehme sie mit einem Holz- oder Hornlöffel heraus. Man bedient sich zu diesem Zweck auch kleiner, federnder Zangen (Abb. 30 u. 31), mit denen man das Ei bequem und sicher heraus= nehmen kann. Das Gelege des Kanarien=Weibchens besteht in 4—6 Eiern, welche etwas veränderlich heller oder düstrer, weißlich= bis meergrün gefärbt und rotbraun und violett gefleckt und gestrichelt, am dickeren Ende gewöhnlich mit einem Fleckenkranz gezeichnet sind. Sie werden fast regelmäßig zur bestimmten Zeit, meistens täglich gelegt und in 13 bis 15 Tagen — je nach der größeren und geringeren Wärme — erbrütet. Eier, welche 3—4 Tage über die Brutdauer hinaus noch im Nest liegen, sind gewöhnlich verdorben und müssen, ebenso wie gestorbene Junge, herausgenommen werden, wozu die erwähnte Zange sich ganz besonders handlich zeigt. Das Weibchen bedeckt die Jungen, welche nahezu ganz nackt, aber nicht blind sind, sondern nur mit geschlossenen Augenlidern daliegen, bis zum 8. oder 10 Tage; dann beginnt das Männchen die weitere Fütterung mit zu übernehmen. Am 18. bis 21. Tage sind die Vögelchen so weit flügge, daß sie das Nest verlassen, doch werden sie etwa bis zum 30. Tage von den Eltern gefüttert und dürfen nicht früher entfernt werden, als bis die nächsten Jungen wieder beinahe flügge sind, keinesfalls vor dem 25. bis 26. Tage. Je länger sie übrigens im Nest sitzen bleiben, desto kräftiger entwickeln sie sich, je früher sie ausfliegen (manchmal schon am 15. bis 16. Tage), desto größeren Gefahren sind sie ausgesetzt.

Überwachung der Bruten. Wenn in den ersten Tagen Männchen und Weibchen einander heftig befehden, sich zanken und beißen, so hat das nicht viel zu sagen, der Friede wird gewöhnlich in kurzer Zeit vollständig wieder hergestellt. Sind jedoch einzelne Störenfriede darunter, welche durchaus nicht nachgeben, immerfort die anderen beißen, wohl gar die Nester zerstören, Eier fressen und Junge töten, so fange man solche Übeltäter unerbittlich heraus. Die Überwachung muß eine unausgesetzte sein. — Acht Tage nach dem Einwerfen der Heckvögel sind in der Regel in verschiedenen Nestern schon Eier; die Nistkästchen sind vorher mit Nummern versehen. Der Tag, an dem das erste Ei gelegt ist, wird für jedes Nest in einem einfachen Verzeichnis angemerkt. Wie man ein solches Verzeichnis anlegt, ist aus den auf S. 135 gezeigten Zuchttabellen zu ersehen. Nach Verlauf der ersten neun bis zehn Tage sehe man nach, ob die Eier befruchtet sind, entferne die unbefruchteten, mache auch nach Umständen aus zwei Nestern eins, störe aber im übrigen die brütenden Weibchen so wenig wie möglich. Nachdem die Jungen ausgeschlüpft sind, ist ein rasches tägliches Besichtigen des Nestes unerläßlich, wenigstens in den ersten acht Tagen. — Bemerkt man, daß manche Weibchen die Jungen nicht gut füttern, so daß diese gegen andere ihres Alters im Wachstum zurückbleiben, so treibe man solche Weibchen nur öfter vom Nest; es ist nämlich nicht selten der Fall, daß namentlich junge Weibchen die Nestwärme so sehr lieben, daß sie nur ungern herabfliegen und darüber dann das Füttern der Jungen vergessen. — Gegen das Ende der Nist=

Anleitung zu einer Buchstabelle.

Eröffnung der Hecke am .... Einwurf .... Hähne .... Weibchen.

Käfig Nr.	Nest Nr.	Gelegte Eier			Klare Eier Stück	Tag des Aus= schlüpfens der Jungen	Ausgekom= mene Junge Stück	(Gestorbene) Junge Stück	Ausgeflogene Junge		Bemerkungen
		vom	bis	Stück					Männ= chen Stück	Weib= chen Stück	

zeit hin kommt es vor, daß den Jungen die Federn ausgerupft werden. In diesem Fall muß man die Jungen dann in einen Käfig bringen und diesen in die Vogelstube stellen, oder von außen am Heckbauer befestigen, damit die Kleinen von den Alten noch weiter gefüttert werden. Es kommt auch vor, daß die Alten den Nestlingen Flügel, Schnabel oder die Beine abfressen. Solche Vögel sind zur Zucht nicht mehr zu verwenden, da sie von dieser üblen Eigenschaft durch kein Mittel abzubringen sind. — Wenn ein Vogel an irgend einem befestigten Faden, Nestleinwand oder dergleichen knabbert oder zupft, so entferne man den Gegenstand möglichst bald, damit er sich die Zerstreuung nicht angewöhne und die Zeit damit vertrödele. Man kann es leicht beobachten, wie manche Vögel darin ganz unermüdlich sind und stunden-, ja tagelang, trotzdem sie ihr vergebliches Beginnen doch wohl einsehen müßten, immerfort zupfen und den Nestbau, die Brut und das ganze Nisten dadurch versäumen. Auch dem einzelnen Sänger darf man eine solche Zerstreuung nicht gestatten.

Störungen. Die Vögel in der Hecke, wie auch den einzelnen Sänger im Käfig, besonders aber die jungen Hähnchen in den verhängten Bauern, darf man niemals durch schnellen Eintritt erschrecken oder durch rasche Bewegungen beängstigen, denn diese zarten Geschöpfe bekommen durch Schreck und Angst leicht Krämpfe oder andere Zufälle. Daher muß man auch, soweit es möglich ist, vermeiden, einen Kanarienvogel zu ergreifen und in die Hand zu nehmen. Bei der Fütterung und Überwachung verhalte man sich immer gleichmäßig ruhig und lasse sich niemals durch Unarten, Verluste u. dergl. zu Zornesausbrüchen hinreißen. Sodann vermeide man es möglichst, während des eifrigen Nistens fremde Personen in die Vogelstube zu führen, namentlich nicht mit auffallenden Kleidungsstücken, Pelz u. a., durch welche die Vögel in Aufregung versetzt werden. Man glaubt, daß durch die Einwirkung eines Gewitters oder durch einen Schuß, Türenzuwerfen, Hämmern u. dergl. die Jungen in den Eiern sterben, doch findet man nicht selten gut gedeihende junge Kanarienvögel in Tischler- und ähnlichen Werkstätten beim ärgsten Gehämmer oder bei anderem Lärm. Wenn die Jungen in den Eiern oder klein sterben, so ist neben anderen Ursachen auch häufig Vernachlässigung von seiten des Weibchens schuld. Bei starken Gewittern — namentlich während der Nacht — fliegen die Weibchen, erschreckt durch den Blitz, wohl vom Nest, erkälten die Eier und Jungen oder zerdrücken erstere auch manchmal bei dem raschen kräftigen Abfliegen. Verhüten läßt sich das, wenn man in den Vogelstuben, welche Fenster-Vorhänge oder -Laden haben, die letzteren — sobald man ein nächtliches Gewitter befürchtet — abends vorsichtig herunterläßt bezl. schließt. Durch den Donner lassen sich die Vögel nicht beirren. Ferner hat man in solchem Fall eine sehr hell brennende Lampe in die Vogelstube gestellt, damit die Vögel sich beruhigen und bei dem Schein des Lichts wieder zu ihren Nestern hinfinden. Doch müssen sie dann jedenfalls schon an das Licht gewöhnt sein.

Künsteleien. Bei jeder Vogelzucht ist es am vorteilhaftesten, daß man dem natürlichen Schaffen der Vögel so viel wie möglich freien Spielraum läßt. Deshalb ist es mindestens überflüssig, wenn man die Eier nach dem Legen jedesmal aus dem Nest nimmt und aufbewahrt, bis das Gelege vollzählig ist, und unterdessen ein künstliches Ei von Ton hineinlegt, oder wenn man am sechsten Tage der Brut die Eier gegen durchfallendes Licht hält, um zu untersuchen, ob sie befruchtet oder untauglich sind. Man erreicht durch das erstere allerdings wohl, daß die Jungen sämtlich zu gleicher Zeit ausschlüpfen, und bei der letzteren Untersuchung weiß man ziemlich genau, wie viele Junge man von der Brut zu erwarten hat; allein ich kann die Berechtigung zu beiden Verfahren höchstens ganz geübten Züchtern zusprechen, die durch jahrelange Erfahrung sich die Ruhe und Sicherheit erworben haben für solchen vertraulichen Umgang mit den Vögeln und eine derartige wirtschaftliche Züchtung. Alle übrigen setzen sich nur zu leicht der Gefahr aus, durch diese Störungen die besten Nistvögel zu verderben.

Pflegemütter; Aufpäppeln. Wenn Weibchen von kostbaren und zarten Stämmen oder Rassen zuweilen nicht selber brüten oder die jungen Vögel auffüttern wollen, so nimmt man ihnen dieselben oder schon die Eier wohl fort und läßt sie von anderen, derberen Weibchen minder zarter Rassen aufziehen, in deren Nester man sie verteilt. Wer sehr feine Kanarien= vögel züchten will, sollte sich daher immer eine entsprechende Anzahl gut brütender gewöhnlicher Weibchen halten. Hat man im obigen Fall oder wenn ein Weibchen von den Jungen stirbt oder schon zur weiteren Brut schreitet, obwohl die aus= geflogenen Jungen noch nicht allein fressen, keine Pflegemutter, so ist das Aufbringen derselben eine mißliche Sache. Man päppelt sie auf, indem man altbackene, in Wasser aufgeweichte und dann tüchtig ausgepreßte Semmel mit geriebenem Eigelb vermittelst eines löffelartig geschnittenen Federkiels oder noch besser eines kleinen Malerpinsels, reicht, anfangs etwa zehnmal täglich zu drei bis vier Löffelchen voll. Beim Heranwachsen der Kleinen mischt man allmählich immer mehr fein geriebenen Rüb= und Mohnsamen darunter und füttert dann so oft sie sich melden und soviel sie verlangen. Dabei werden die Vögelchen mit loser Baumwolle sorgfältig bedeckt. Doch ist das Aufpäppeln sehr mühsam und es läßt sich, natürlich nur bei kürzlich ausgeflogenen, nahezu selbständigen Jungen, zuweilen vermeiden, wenn man das Weichfutter auch eingeweichten Samen, auf den Boden hinstellt; selbstverständlich dürfen dann keine Mäuse in der Stube vorhanden sein. Die jungen Vögel halten sich viel am Boden auf; ehe sie nun verhungern, machen sie sich doch lieber selbst über das in ihrer Nähe stehende Futter her. In anderen Fällen darf man immer froh sein, wenn eins von den schon völlig erwachsenen Jungen, wie dies nicht selten geschieht, oder irgend ein anderer Kanarienvogel sich der Verlassenen annimmt, für welchen Zweck man Versuche anstellen muß. Namentlich sollen weibliche Mischlinge gute Pflegemütter sein. In den Züchtereien der feinsten und zartesten Vögel kommt es leider nicht selten vor, daß die Weibchen schlecht füttern und die Jungen, wenn auch nicht gerade verhungern, so doch darben lassen. Die Züchter sehen sich dann meistens dazu gezwungen, wenigstens neben den alten Weibchen mitzupäppeln, und in dieser mühevollen Weise werden in neuerer Zeit, freilich nicht zum Nutzen der Zucht im allgemeinen gar viele wertvolle Kanarienvögel aufgezogen, die aber als Zuchtvögel später keine Geltung haben.

Flügge Junge. Trotz bester Pflege erkranken und sterben die Jungen sehr leicht in der Zeit, in welcher sie selbständig werden und von den Alten kein Futter mehr empfangen. Die Erkrankungsursache liegt dann zweifellos hauptsächlich in der veränderten Ernährung, und diesen Übergang können sie um so schwieriger ertragen, von je feinerer Rasse, also je zarter sie sind. Ich glaube, daß man selbst die Jungen der zartesten Rasse gut durchbekommt, wenn man sie schon während des Fütterns durch die Alten an gequellten besten Rübsamen und Eifutter (s. S. 103) gewöhnt, dann nach der Entfernung von den Alten an einen recht warmen, zeitweise sonnigen Ort bringt und sie vor Zugluft, Nässe und Dunst möglichst behütet. — Weiter sollte man die flügge gewordenen Jungen niemals mit einem Käscher oder Kätscher, sondern nur mit dem Fangbauer überm Trinkwasser **herausfangen**, weil im ersten Fall zuviel Störung verursacht und auch wohl mancher junge Vogel verletzt wird. Am besten fängt man die Vögel aus dem Flugraum des Abends, indem man sich merkt, wo jeder einzelne sitzt, und ihn dann im Dunkeln mit den Händen ergreift. Auch bei Tage geschieht dies wohl, indem die Fensterläden geschlossen werden. Nach dem Herausfangen werden sie in ein anderes Zimmer oder doch in einen recht geräumigen Käfig gebracht. Jedenfalls müssen sie soweit von den Alten entfernt werden, daß sie diese nicht mehr hören, weil sie sonst nach ihnen anhaltend locken und sich zu sehr bangen. Am zuträglichsten ist es für die kräftige Entwicklung der jungen Männchen, wenn man sie bis nach völlig überstandener Mauser in einen großen Flugkäfig bringt. Acht bis zehn Tage nach dem Ausfliegen, wenn sie allein zu fressen beginnen, fangen sie auch an, ihren Gesang einzuüben. — Im Alter von vier Wochen etwa oder noch später beginnt bereits der erste Federnwechsel. Während der ganzen Mauserzeit müssen sie sorgsam gepflegt, besonders reinlich gehalten und gegen alle üblen Einflüsse bewahrt werden. Gegen Anfang oder Mitte Oktober, nach völlig beendeter Mauser der alten, werden die übrigen Vögel eingefangen, einzeln in Käfige gesetzt und über und neben einander in einer gut geheizten Stube untergebracht. Im Harz hält man die zum Verkauf bestimmten jungen Vögel in der Regel in bedeckten (verhangenen Fluggebauern, die zum eigenen Bedarf ausgefangenen einzeln in Käfigen, die in eigens dazu hergerichteten hölzernen Verschlägen stehen. Für eine rationelle Zucht ist es außerordentlich wertvoll, die jungen Vögel zu zeichnen. Man tut dies am besten durch Anlegen von Fußringen. Dieselben sind aus Aluminium oder aus Cellulose hergestellt und in mehreren Farben, in verschiedenen Breiten wie auch mit Nummern versehen erhältlich. Man legt den jungen Vögeln an den Fuß einen Ring. Auf diese Weise läßt sich mit Hilfe der dabei notwendigen Buchführung (s. S. 134) die Abstammung genau kontrollieren.

Erkennung der Geschlechter. Junge Vögel der lebhaft gelben Rassen sind bereits im Nest daran in den Geschlechtern zu unterscheiden, daß die Männchen deutlich zu bemerkende dunkler und kräftiger gefärbte Ringe um die Augen und um den Schnabel haben, und dieses Kennzeichen bleibt auch noch eine Zeitlang nach dem Flüggewerden maßgebend. Bei den blaß= gelben oder graugrünen Vögeln ist das Männchen an der kräftigeren Färbung um den Schnabel, an Stirn, Wangen und Kehle, sowie an der lebhafteren Färbung des Rückens vor und nach der ersten Mauser leicht kenntlich; nach dieser Zeit hat das Männchen, dem man bei der Untersuchung den Kopf auf die Brust herabgedrückt, einen doppelten, das Weibchen einen einfachen, etwas breiteren, weißen Halsring Im übrigen darf man, natürlich mit dem nötigen Scharfblick und einiger Erfahrung, danach urteilen, daß das Männchen stets schlanker, auch etwas dick= köpfiger und breitschwänziger ist, längere Beine hat und, völlig ausgefiedert, um die Augen etwas leb= hafter gefärbt ist (der Vogel ‚brennt‘). Für den ungeübten Käufer bleibt aber die Unterscheidung nach dem bloßen Ansehen immer schwierig, zumal bei den hochgelben Vögeln, bei denen selbst erfahrene Händler ihrer Sache nicht immer sicher sind. Diese prüfen und unterscheiden die bereits völlig flüggen Vögel gewöhnlich am Steiß, indem der Zapfen beim Männchen deutlich entwickelt, länglich rund hervorsteht, mit einer merklichen Neigung nach vorn, während der des Weibchens weniger hervortretend, mehr breit und nach hinten gerichtet ist. Man legt den Vogel in der

Hand auf den Rücken und bläst sanft die Federn auseinander. Dieses Merkmal ist ziemlich stichhaltig, selbst bei verschiedenen anderen, vielleicht bei allen Vögeln, nur nicht bei ganz fetten, auch nicht in der Mauserzeit oder kurz nachher. Für den Ungeübten ist es schwierig, solche Merkmale zu erkennen, und er muß sie erst durch zahlreiche Versuche und Vergleichungen erlernen. Sucht man die Vögel nur nach der Farbe zu unterscheiden, so ist man leicht einer Betrügerei ausgesetzt, über die Reiche in Alfeld in der „Gefiederten Welt" folgendes sagt: Bei unserem Massenankauf zur Ausfuhr kommt es alljährlich wiederholt vor, daß man versucht, uns gefärbte Weibchen für Männchen einzuschmuggeln. Wir haben bereits mehrere Namen solcher ‚Schönfärber' in unserm Verzeichnis, welche bei allen Ankäufen durchaus gemieden werden. Die Farbe besteht in einem Auszug von Kurkumawurzel in Spiritus und wird vermittelst eines weichen Pinsels auf die Federn, vornehmlich des Kopfs aufgetragen. Dies geschieht gewöhnlich am Tage vor der Ankunft des Händlers, denn lange hält sich die Farbe nicht, namentlich wenn der Vogel sich baden und putzen kann. Die Gelegenheit dazu wird ihm dann völlig vorenthalten, und ebenso bringt man solche Vögel stets in ganz neue Käfige, damit durch Spuren der frisch etwa abgefärbten gelben Farbe die Betrügerei nicht verraten werde. Geübte und erfahrene Händler führen beim Aufkauf stets weiche weiße Läppchen bei sich, die, angenäßt und an den betreffenden Stellen des Vogels gelinde aufgerieben, die gelbe Farbe sogleich zeigen.

Am leichtesten und sichersten erkennt man jedenfalls die Männchen am Gesang. Denn während schon die erst wenige Wochen alten Männchen bei ihrem beginnenden leisen Gezwitscher — dem ‚Studieren' — die Kehle stark aufblähen, so daß sich die Federn sträuben, und bald länger fortsingen und den Kopf und Hals ruhig emporhalten, lassen die Weibchen selbst später nur einige halbstotternde Töne hören und sogleich den Kopf wieder sinken.

Alterskennzeichen. Das Alter erwachsener Kanarienvögel zeigt sich an den mehr oder minder kräftigeren Klauen und stärker entwickelten Schuppen der Füße und Zehen, welche mit dem zunehmenden Alter immer dunkler schwärzlich werden und dann in Thüringen ‚Stolpen' oder ‚Stulpen' heißen. Letzteres Kennzeichen ist jedoch nicht ganz sicher, eher noch ein leicht bemerkbarer Haken an der Schnabelspitze. Zuweilen haben nämlich auch junge Vögel vom vorhergehenden Jahr schon zu Ausgang März so stark hervortretende Schuppen, daß sie jeder nicht ganz genau Unterrichtete für ältere, ja, recht alte Vögel halten würde. Nur die kleineren Schuppen an den Zehen sind eigentlich maßgebend, denn sie lassen sich nicht leicht entfernen. Man sehe daher auf diese und auf die beschnittenen oder unbeschnittenen Klauen. Es läßt sich beim Einkauf kaum vermeiden, daß man anstatt ein- oder zweijähriger, alte von Züchtern ausgemusterte Vögel erhält. Man erkennt dieselben dann wohl daran, daß sie im Herbst nach der Mauser ohne ‚einstudieren' sogleich ihren vollen Gesang anheben; ein solcher Vogel ist mindestens drei Jahre, wenn nicht älter.

Dauer der Heckzeit; alljährliches Nisten. Es ist nicht ratsam, daß man jedes Pärchen mehr als dreimal hintereinander nisten und überhaupt die Hecken über den Monat Juli hinaus fortbestehen lasse; junge, einjährige Männchen nimmt man wohl bereits aus der Vogelstube fort, wenn das Weibchen zum zweiten mal Junge hat. Einen Vogel, den man nicht als Nistvogel benutzen, sondern als einzelnen Sänger halten will, muß man derartig hängen, daß er die Weibchen in der Hecke nicht hören kann und ihn mäßig füttern. Er wird sich dann wohlbefinden und sehr fleißig singen, namentlich wenn er einen anderen guten Schläger hören kann.

Den **Ertrag der Brut** rechnet man im Durchschnitt auf zehn, im ungünstigeren Falle auf fünf bis acht und selten zwölf oder gar fünfzehn junge Männchen von dem einzelnen Zuchthahn. Fast regelmäßig bleibt aber das Ergebnis hinter der angegebenen bedeutendsten Leistung weit zurück. Jedes Weibchen legt durchschnittlich in drei bis vier Bruten 14 Eier, von diesen könnte man bei normalem Verlauf der Brut acht Männchen und sechs Weibchen erwarten. Das Ergebnis ist häufig ein viel schlechteres infolge von Störungen in der Hecke, Erkrankung des Weibchens und der Jungen, Unbefruchtetsein der Eier usw., so daß ein Ergebnis von 5—6 Vögeln im Durchschnitt auf ein Weibchen ein gutes Resultat ist.

Überwinterung der Zuchtvögel. Nach beendeter Brutzeit bringt man die Männchen gesondert in ihre einzelnen Käfige. Sie bedürfen, um sie gesund und kräftig zu erhalten, eine Wärme von (+ 12 bis 14 Grad R.). Die Weibchen bringt man zusammen in ein sehr geräumiges Bauer; auch kann man die letzteren über Winter in ihrer Niststube, aus welcher die Nester und beschmutzten Sitzstangen und dergl. entfernt sind, wieder fliegen lassen. Erfahrung hat gelehrt, daß man die gemeinen deutschen Kanarienvögel ohne Bedenken in einem ungeheizten Raum überwintern darf, wobei sie sogar frischer und gesunder sich halten.*) Man füttert sie dann reichlich

---

*) Zur Zeit des alten Bechstein, also zu Ende des 18. Jahrhunderts, ließ man die Zuchtweibchen über Winter wohl mit verschnittenen Flügeln in einer Kammer umherlaufen und fütterte sie nur mit Semmel oder mit Gerstenschrot, welches mit Milch angefeuchtet wurde. Über eine solche barbarische Behandlung ist man heutzutage glücklicherweise schon längst hinweg, doch läßt die Überwinterung der Weibchen noch immer viel zu wünschen übrig, und es sei namentlich

mit Sämereien, auch etwas Hanf darunter, und gibt ihnen bei starker Kälte täglich dreimal Trinkwasser. Ferner müssen die äußerst reinlich zu haltenden Trinkgefäße so eingerichtet sein, daß die Vögel nicht baden können, man legt ein passendes Netz von verzinntem Draht, welches auf Drahtfüßen steht, in das große Wasserbecken; die Maschen müssen aber so weit sein, daß die Vögel nicht mit den Köpfen stecken bleiben und ertrinken. Die Weibchen der edleren Rasse sollen in einem erwärmten Raum (+ 6—8 Grad R.) überwintert werden. Sie im völlig ungeheizten Zimmer, gleich dem gemeinen deutschen, zu halten, dazu kann ich nicht raten, denn der Unterschied zwischen 18, ja selbst 24 Grad Wärme zur Nistzeit und wohl gar bis 10 Grad Kälte im Januar würde für diese zarten Geschöpfe leicht gefährdend sein. Sie bleiben für die kommende Züchtungsperiode keinesfalls so leistungsfähig, wie wir es wünschen. Die Weibchen der übrigen zarten Rassen, also der Holländer Vögel, werden wie die Weibchen der edlen Rasse überwintert. Auch in der Winterzeit, wenigstens gegen den Februar hin, geben manche Züchter den Weibchen der edlen Rasse täglich etwas Eifutter, damit sie zur beginnenden Hecke kräftig und paarungslustig werden. Man spendet ihnen dann

---

bringend gegen den Mißbrauch gewarnt, dieselben mit dem Abfall der Fütterung der Männchen versorgen zu wollen.

auch wohl einige Hanfkörner unter dem Rübsen. Bei einer Wärme, wie oben angegeben, genügt eine Fütterung mit gutem Sommerrübsen völlig. Viele Züchter reichen auch etwas Spitzsamen und ab und zu Eifutter. Die Überwinterungsräume für die Weibchen sind mit derselben Sorgfalt reinzuhalten wie die Käfige der Hähne.

Die Ausbildung der Jungen.

Die Ausbildung der jungen Vögel ist der wichtigste und interessanteste Teil bei der ganzen Zucht, eine Quelle großen Vergnügens und nicht selten auch argen Verdrusses. Es gelten hierbei im allgemeinen folgende Regeln: Je mehr und je bessere Vorschläger, je übereinstimmender der Gesang derselben, desto größer ist die Aussicht auf vorzügliche junge Vögel. Zwei Vorschläger, deren Gesang gar nicht zu einander paßt, werden nur ausnahmsweise gute Schläger ausbilden. Die Fehler der Alten übertragen sich auf die Jungen, aber auch ein junger Vogel mit einem einzigen häßlichen Ton — solche gibt es in jedem Jahr trotz aller Sorgfalt des Züchters — kann in wenigen Tagen die ganze Gesellschaft verderben. Dieselben fange man beizeiten aus der Hecke und schaffe sie baldmöglichst ab oder hänge sie wenigstens in einen dunkeln Käfig, in ein kaltes Zimmer, so daß der Gesang bis zum förmlichen ‚Dichten‘ zurückgeht. Das hilft zuweilen, aber nur selten. Ratsam ist es ferner, die Vorschläger neben einander zu hängen, damit sie sich gegenseitig unterstützen; die besseren Jungen bringe man in ihre Nähe, die geringeren hänge man weiter von ihnen entfernt. Vögel, die unmittelbar unter einander hängen, haben meist genau denselben Gesang. Der Schlag der Jungen e i n e s Stammes — aus ein und derselben Hecke — hat im allgemeinen dasselbe Gepräge, wobei indes bei den einzelnen Sängern

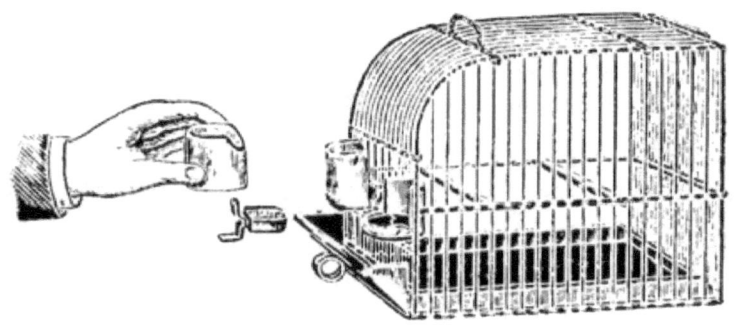

Abb. 32. Draht-Einsatzbauer.

manche Verschiedenheiten vorkommen. Nur sehr wenige junge Vögel übertreffen ihre Lehrer; die eine Hälfte etwa leistet so ziemlich dasselbe wie die letzteren; die anderen sind für Kenner nicht zu empfehlen. Sie gehen in der Regel zu sehr aus dem Rollen heraus oder bringen es dabei nicht zu der nötigen Länge und Rundung der Touren. Wer die besten

Jungen zuerst abgeben wollte, würde Gefahr laufen, daß ihm die übrigen mehr und mehr zurückgehen.

Die jungen Hähnchen werden, sobald sie zu ‚studieren' beginnen, zu einem ‚Vorschläger' (Lehrmeister) gebracht und zwar einzeln in kleinen hölzernen oder Drahtkäfigen, welche nur etwa um die Hälfte größer als die gewöhnlichen Harzerbauerchen (s. Abb. 32 und 33), selten doppelt so groß, 17 cm breit, 19,6 cm hoch und 22—24 cm lang sind. Und in einem solchen steht der Sänger dann in dem sogen. Gesangskasten (s. Abb. 34), in welchen dies Bauerchen hineinpaßt.*) In entsprechender Weise ist das Gesangsspind eingerichtet, indem es 9—15 Fächer zur Aufnahme der Einzelkäfige mit je einem Sänger hat. Jede Abteilung an dem Spinde und ebenso der einzelne Gesangskasten läßt sich entweder durch einen Gazevorhang eine Milchglastür oder auch eine Brettertür mit

Abb. 33. Holz-Einsatzbauer.

---

*) Neuerdings erhebt sich vielfach Widerspruch gegen die Gesangskasten bezgl. -spinden und sogar manche der hervorragendsten Kenner des Kanariengesangs erklären sich gegen den Gebrauch derselben.

kleinem Guckloch) nach dem Ermessen des Züchters oder Verpflegers verdunkeln. Herr Lehrer H. Lübeck hat die Einrichtung eines akustischen Gesangs= kastens (Abb. 35) vorgeschlagen, und zwar besteht derselbe aus einem etwa 70 cm langen und 15 cm breiten, dünnen, gebogenen Tannenholzstreifen (Sieb= holzstreifen), welcher mit seinen beiden Enden an ein etwa 35 cm langes und 15 cm breites Brettchen

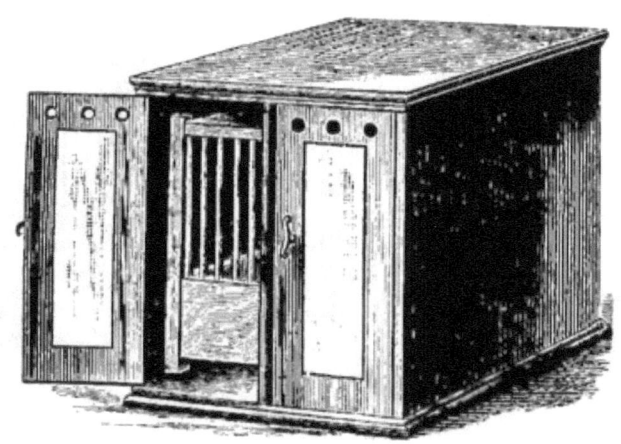

Abb. 34. Gesangskasten.

genagelt, an der hinteren Seite mit einem halbmondförmigen Brett verschlossen, an der vordern mit Drahtgitter versehen und im übrigen wie jeder andere Käfig eingerichtet ist. Der Gesang soll sich in demselben ungemein voll, kräftig und lieblich an= hören. Derartige Gesangskästen kommen für die Züchter nicht in Betracht.

Auf billigere Weise gelangt man zum Ziel, wenn man die Bauer mit den Vögeln in ein einfaches Regal stellt, das für beliebig viel Vögel eingerichtet sein kann. Zwischen die einzelnen Bauer stellt man Brettchen, damit sich die Vögel nicht sehen können.

Der Vorschläger muß ein altes Männchen, ein möglichst vorzüglicher Sänger desselben Stammes sein; andernfalls lernen die Jungen nichts und ver-

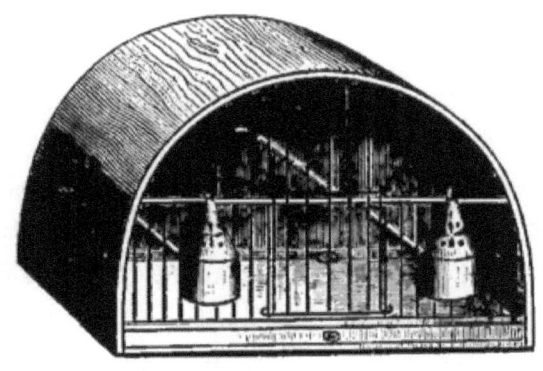

Abb. 35. Akustischer Gesangskasten.

derben wohl den Alten. Dagegen darf man, wie S. 149 bereits angedeutet, für eine sehr große Anzahl junger Männchen mehrere Vorschläger von demselben Stamm (d. h. mit genau demselben Gesang) zu Lehrmeistern geben. Die ganze Gesellschaft (eben der Stamm) vervollkommnet sich dann unter einander immer mehr — bis zu einem wundervollen Gesamtkonzert. Man hüte sich aber, daß unter den Vorschlägern nicht der eine oder andere schlechter als die übrigen sei; denn die jungen Vögel nehmen stets die geringeren, weil leichteren Rollen, am ehesten an. Jeder Stamm muß also durchaus gesondert für sich gehalten werden. Dringend gewarnt sei sodann vor dem Versuch: zu jungen Vögeln von geringerer Abkunft einen vorzüglichen Sänger als Vorschläger zu bringen. Jene lernen doch nichts Vernünftiges und verderben den alten kostbaren Sänger. Zu vergessen ist schließlich nicht, daß jeder junge Vogel im zweiten Jahr nach der Mauser abermals zu demselben Vorschläger oder einem andern (jedoch durchaus von gleichem Stamm) gebracht werden muß. Erst im dritten Jahr ist er ein taktfester Sänger. Als Vorschläger dienen zugleich die wertvollsten Zuchtvögel, die irgendwie zurückgegangenen dagegen nebst den mittelmäßigen Jungen werden an die Händler abgegeben. Besondere Vorschläger außer den Zuchtvögeln hält man in großen Züchtereien in der Regel nicht.

Entschieden unrichtig ist übrigens die Behauptung, daß viele junge Vögel zusammen einander gegenseitig zum vollen Gesang ausbilden könnten; ohne einen alten tüchtigen Vorschläger werden sie nie zur befriedigenden Ausbildung gelangen.

Verdunkeln der Vögel. Während der Lehrzeit gewöhnt man die jungen Sänger nach und nach, sobald sie in den kleinen Käfigen sich eingewöhnt haben, an das ‚Verhängen‘, ‚Verdecken‘ oder ‚Ver=

dunkeln' und zwar etwa 4—6 Wochen nach dem Flüggewerden. Der Käfig wird gewöhnlich an drei Seiten, sodaß nur die obere oder eine vordere Seite offen bleibt, mit einem grünen oder weißen Tuch zugedeckt oder die Tür des Gesangskastens oder -spindes wird allmählich zugemacht, damit der Vogel weder andere sehen, noch durch irgendwelche Zerstreuungen von dem Studium seines Gesangs abgelenkt werden kann. Auch die vierte Seite wird dann nach und nach immer mehr verdeckt und der Aufenthalt des Vogels also verdunkelt. Nach dem ersten Eindruck hin mag man darin eine große Tierquälerei erblicken, bei näherer Kenntnis des Vogels wird man jedoch finden, daß der Gesangskünstler sich recht wohl fühlt und mit Eifer sein Lied zu vervollkommnen sucht. Im unbedeckten Käfig aber, namentlich wenn viele junge Vögel sich beisammen befinden, entwickelt sich der sonst so zarte Sänger nur zu leicht zum häßlichen Schreier. Man stellt die lautesten in dem Gesangsspinde oder den nebeneinanderstehenden einzelnen Käfigen immer möglichst nach unten, entzieht ihnen zeitweise die Zugabe von Eifutter, während die anderen gerade durch dieses letztere immer mehr befähigt werden, dem Vorschläger auch in den schwierigsten Rollen und Touren zu folgen. Eine fortwährende aufmerksame Überwachung solcher Gesangsschüler ist durchaus notwendig.

Junge Vögel, die früh von den Vorschlägern getrennt werden, sowie solche, die nur von mittelmäßigen Alten oder gar von Weibchen, welche der edleren Rasse nicht angehören, gezogen sind und demnächst zu besseren Vorschlägern gebracht werden, geben in der Regel keine vorzüglichen Sänger. Im ersteren Fall kann der Vogel, wenn er in die Hände von kundigen Pflegern gelangt und von allen störenden Einflüssen fern gehalten wird, trotzdem wohl gut werden; er kann aber auch, und das kommt nicht selten vor, gerade die schönsten und schwierigsten Strophen seines Gesangs vergessen, beziehungsweise sie an Mangel an Wetteifer mit anderen guten Sängern weglassen. Für den zweiten Fall sei vor einem Verfahren gewarnt, durch welches man einen guten Stamm unfehlbar verderben würde. Wenn man nämlich, wie es heutzutage leider nicht selten geschieht, feine Kanarien durch Weibchen von der gemeinen Rasse zu frischerem Blut und kräftigerem Gedeihen züchten will, so erreicht man wohl diesen äußerlichen Erfolg — allein, die jungen Vögel haben keineswegs die vorzügliche Begabung der alten Hähnchen.

Ebenso bleiben die Jungen, welche, nachdem sie in Einzelkäfige gebracht sind, Wochen, ja Monate lang stillschweigen, Stümper im Gesange. Man bringt diese letzteren am besten mit einem Vorschläger in ein anderes Zimmer und hängt sie hier möglichst weit von einander entfernt; sie werden dann meistens gleich anfangen zu singen. Vögel dagegen, die anhaltend und fleißig singen, dabei den Kropf tüchtig aufblähen, ruhig sitzen und den Schnabel möglichst selten aufreißen, versprechen gute Sänger zu werden. Denn die tiefen Knorr- und die klangvollen Hohl- und Bogenrollen, sowie die tiefen Brusttöne werden fast mit geschlossenem Schnabel, oft auch mit sehr rascher Bewegung desselben vorgetragen, während hohe und dünne Töne durch ein weites Öffnen desselben angezeigt werden.

Mitte oder Ende Novembers, mitunter schon vier Wochen früher, schlagen die vorzüglichsten jungen Vögel völlig durch. Vögel, die Ende Dezembers nicht vollständig ausgebildet sind, werden in der Regel keine besonderen Sänger oder sie waren noch zu jung. Daß sich der Gesang auch später noch vervollkommnet, versteht sich von selbst.

Verhören. Die Aufkäufer, Händler und eigentlichen Liebhaber ‚verhören‘ die jungen Kanarienvögel, d. h. sie lauschen auf den Gesang und erkennen, während wohl Hunderte rings um sie her schlagen, den Wert eines jeden einzelnen ganz genau heraus, wozu nicht allein große Übung, Kenntnis und Sicherheit, ein musikalisches Gehör, sondern vor allem auch Geschmack notwendig ist (vgl. S. 70 ff.).

Vorsorge. Früher behauptete man, daß die nicht im Harz gezogenen Vögel, selbst die Originalharzer, ‚im Lande' nur zu leicht verderben. Diese Behauptung ist unbegründet. Wer seine Vögel in Acht nimmt und es an guten Vorschlägern nicht fehlen läßt, wird sich über seine Erfolge nicht beklagen können. Allerdings wird er dabei beachten müssen, daß auch im Harz in den besten Hecken fast mehr geringere als vorzügliche Schläger gezogen wurden, daß auch im Harz so gut wie anderwärts manch guter Vorschläger verdarb. Während in früheren Jahren der Harz mit seinen Vögeln maßgebend war, kommt derselbe bei der heutigen Zuchtrichtung gar nicht mehr in Betracht. — Im übrigen sind die Regeln für die Züchtung und Erhaltung eines guten Stammes S. 124 ff. gegeben.

Nachtschläger. Um den Vogel daran zu gewöhnen, daß er des Abends, beim Schein der Lampe sein Lied vorträgt (sog. Lichtsänger) verdunkelt man tagsüber den Käfig und bringt ihn abends in das erleuchtete Zimmer, er wird dann sofort mit dem Gesang beginnen. Übrigens beginnen die meisten Kanarienhähnchen in Wohnstuben und anderen Räumen, in denen es lebhaft zugeht, ganz von selber des Abends zu schlagen, und ein Vogel, der einmal daran gewöhnt ist, singt dann auch anderwärts immer, sobald in der Dunkelheit Licht angezündet wird.

Den Versuch, junge Kanarien von einer Nachtigal

als **Vorschlägerin** ausbilden zu lassen, hat man schon vielfach gemacht; allein, das Ergebnis ist niemals ein befriedigendes gewesen. Nur von einem älteren Seinesgleichen kann der begabte junge Vogel gute Lehre annehmen und dadurch ein vorzüglicher Gesangskünstler werden. Die Strophen der Nachtigal nimmt er wohl teilweise auf, gibt sie aber niemals mit einer solchen Vollkommenheit wieder, wie sein natürliches Lied; auch entfallen sie ihm hier und da, und er wird dann zu einem Gesangsstümper. Dasselbe ist der Fall, sobald ihm irgend ein anderer Vogel als Vorschläger gegeben wird; man sollte daher von vornherein darauf verzichten, die jungen Vögel von edler Rasse bei Lerchen, Finken, Nachtigalen u. a. in die Lehre zu geben.

Kanarienlehrorgeln als Ausbildungsmittel für Junghähne. Die Züchter haben zuweilen darunter zu leiden, daß zu der Zeit, in welcher die Junghähne des Vorsängers am meisten bedürfen, dieser seinen Gesang einstellt, weil er in den Federwechsel kommt. Um diesem häufig recht verhängnisvollen Übel vorzubeugen, verwenden manche Züchter die zu Vorsängern bestimmten Hähne nicht in der Hecke oder lassen sie nur eine Brut machen. Hierdurch wird erreicht, daß diese Hähne bedeutend später in die Mauser kommen, wie diejenigen, welche während der ganzen Zuchtperiode in der Hecke gewesen sind. Zuweilen halten auch diese nicht Stich. In diesem Fall aber auch nur in diesem, ist die Kanarienlehrorgel ein Mittel, um ein gänzliches Umschlagen im Gesang der Junghähne, ein Vergessen des Erlernten zu verhindern und sie vor Rückschritten zu bewahren. Einen Vorschläger ersetzen die Lehrorgeln nicht. Der Vorschläger bleibt das einzige, das geeignetste Mittel zur Ausbildung der jungen Vögel.

Sprechende Kanarienvögel.

Neuerdings ist der Kanarienvogel auch noch in einer ganz besonderen Eigenschaft den Liebhabern entgegengetreten und zwar in einer Begabung, welche man bei ihm eigentlich wohl am wenigsten erwartet hätte: als Sprecher nämlich. Die Fähigkeit, menschliche Worte nachzuahmen, ist bisher bekanntlich nur bei Papageien, Krähen oder Raben und Staren zu finden gewesen, bis sie nun auch bei einem Fink, eben dem Kanarienvogel, festgestellt worden. In anbetracht dessen, daß diese neue Seite in der Begabung des Vögelchens immerhin unsere Aufmerksamkeit in Anspruch nehmen muß, fasse ich im folgenden alle Nachrichten zusammen, welche bis jetzt in dieser Hinsicht vorliegen, und mit großer Freude füge ich hinzu, daß ich so glücklich bin, einen sprechenden Kanarienvogel nach eigener Kenntnis schildern zu können. Am 23. April (1883) begab ich mich zur Frau Geheimrat Gräber in der Prinzenstraße, um den kleinen Künstler zu sehen und zu hören. Die Dame empfing mich mit dem Bedauern, daß ich wohl vergeblich anwesend sein werde, denn der Vogel scheine heut nicht sprechen zu wollen. Inzwischen erzählte sie mir, daß sie ihn seit drei Jahren besitze und als ganz junges Vögelchen erhalten habe. Er habe recht hübsch gesungen, dann aber — wahrscheinlich infolge der naturgemäßen Mauser — sei er verstummt. Dies habe lange gedauert und da habe sie recht oft zu ihm gesprochen: „Sing' doch, mein Mätzchen, wie singst Du? Widewidewit!" „Sie können sich denken," fuhr sie fort, „welche Überraschung es mir gewährte, als der Vogel zum erstenmal die Worte, die ich ohne jede Absicht zu ihm gesprochen, nachplauderte; ich traute meinen Sinnen kaum und konnte mich anfangs gar nicht dreinfinden. Als ich es meinem Mann erzählte, sagte er, laß es nur keinesfalls vor anderen Leuten verlauten, damit wir nicht ausgelacht werden; wir selber hatten uns nämlich vor kurzem über die Behauptung, daß Jemand einen Kanarienvogel sprechen gehört habe, höchlichst lustig gemacht." Während die Frau Geheimrat mir diese Auskunft gab, sich dann an den Vogel wandte und die erwähnten Worte an ihn richtete, fing er an, eifrig zu schmettern, und mitten im Gesang erklang es dann: „Widewidewitt, wie singst du, mein Mätzchen? Singe, singe, Mätzchen, widewidewitt!" Immer und immer wiederholte er, und deutlicher und klarer konnte ich die Worte verstehen, bis die Dame zuletzt lachend äußerte „es scheint, als ob er sich vor Ihnen recht hören lassen will, denn so viel und so eifrig hat er seine Kunst seit langer Zeit nicht geübt." Es ist ein kräftiger, schlanker, hübscher, wenn auch nicht regelmäßig gezeichneter Vogel von der gewöhnlichen deutschen Rasse, der durch ungemein lebhaftes Wesen und rasche Bewegungen auffällt. Sein Gesang ist kunstlos, doch keineswegs gellend und unangenehm. Unsere anspruchsvollen Liebhaber des edlen Kanarienvogels würden ihn freilich einfach als „Schapper" abfertigen. Er spricht übrigens nur zu seiner Herrin und ist keineswegs zahm, sondern im Gegenteil gegen jeden andern recht scheu. Während er aber unermüdlich sein „widewidewitt, wie singst du mein Mätzchen", wiederholte, fand ich bald eine Erklärung dafür, weshalb dieser gefiederte Sänger nur seiner Herrin gegenüber die menschlichen Laute nachahme; ihr ungemein klangvolles, melodisches, gesanggeübtes Organ übt die Wirkung auf ihn aus. Überhaupt bringt der Kanarienvogel die Worte nicht artikuliert, mit menschlichem Ton, hervor, sondern er webt sie mitten in dem Gesang hinein. So klingt das „widewidewitt, wie singst du, mein Mätzchen, singe, singe, Mätzchen", ganz harmonisch, und im ersten Augenblick muß man recht aufpassen, um es zu verstehen, dann wird es immer deutlicher und wir brauchten wirklich gar nicht vorher zu wissen, wie es lauten soll, denn wir hören und unterscheiden es mit voller Bestimmtheit.

Der erste sprechende Kanarienvogel ist in England schon i. J. 1858 festgestellt worden. Sodann i. J. 1868 schrieb Dr. Wilhelm Lühder über einen sprechenden Kanarienvogel in Berlin. Derselbe gehörte Frau Professor Teschner und wiederholte die Worte: „Wo bist du denn, mein Mätzchen, mein liebes Mätzchen, wo bist du?" so deutlich, daß Herr Dr. L. anfangs glaubte, sie würden von einem im Zimmer spielenden Kinde ausgesprochen. Ebenfalls im Besitz einer Dame befand sich in Braunschweig ein Kanarienvogel, der nach Mitteilung des Herrn Pastor A. S. dort (im Jahre 1877) in seinem Gesang die Worte „Bist du denn mein liebes Tipperchen? bist du denn mein Hänschen, mein liebes kleines Tierchen? mein Hänschen, Hänschen!" verwebte. Dieser Vogel hatte noch den Vorzug, daß er auch zu jedem Fremden, auf den Finger kam und sang und sprach. Sodann hat Herr Pastor Karl Müller den Kanarienvogel der Schauspielerin Fräulein Pauli in Kassel gehört und zu Anfang des Jahres 1883 über ihn berichtet. Dieser gab auf Zusprechen der Besitzerin folgende Worte wieder: „Wo ist er denn, der liebe kleine süße Bijou, wo ist er denn? so singe doch, du kleiner süßer Bijou." — Sodann erzählte die Londoner Zeitung „The Times" im Jahre 1882, daß zu Scraps-gate bei Sheerneß ein Schafhirt namens Mungeam einen Kanarienvogel habe, der Worte und ganze Sätze deutlich spreche. Manchmal schalte er einige Worte in den Gesang ein, dieselben seien aber deutlicher, wenn er spreche, ohne zu singen, was er oft tue. Schließlich schrieb mir Herr P. J. Böwing in Kopenhagen im März 1885, daß auch dort ein Kanarienvogel, der einige Worte sprechen kann, vorhanden sei, und diesen zu hören hatte ich selbst gleichfalls Gelegenheit, als ich zur internationalen Geflügel- und Vogel-Ausstellung 1886 als Preisrichter dort war. Seitdem sind noch so viele derartige Fälle mit Sicherheit festgestellt worden, daß wir bis jetzt in allen Ländern zusammen gerade ein Dutzend dieser kleinen gefiederten Sprecher vor uns haben.

Freies Ein- und Ausfliegen der Kanarienvögel, Einbürgerungsversuche. Überwinterung im Freien.

Obwohl es eigentlich nur als eine Spielerei angesehen werden darf, so will ich doch auch ein Verfahren angeben, durch welches man die Vögel zum Ein- und Ausfliegen gewöhnen kann. Einen großen Kanarienvogelkäfig mit einem Pärchen Nistvögel von gem. deutscher Rasse, möglichst von grauer oder grüner Gefiederfärbung stellt man in einen passenden Raum, in einer Bodenkammer oder dergl. innen vor ein Fenster, welches innen mit einem Schieber zu versehen ist und an warmen Tagen geöffnet werden kann, so daß sich die Vögel an die freie Luft gewöhnen, bis sie nach und nach jede Veränderung derselben zu ertragen vermögen. Sobald das Pärchen nun Junge hat, welche seit drei oder vier Tagen ausgeflogen sind, nimmt man diese aus dem Käfig und setzt sie auf die nächsten Bäume. Wenn sie hier eine Weile gesessen, fangen sie an, den lockenden Alten zu antworten, kommen auch bald an den Käfig geflogen und lassen sich füttern. Man bringt vor dem Käfig eine Sitzstange an, auf welcher sie sich bequem niedersetzen und durch das Gitter füttern lassen können. Neben dem Brutkäfig stellt man einen zweiten Käfig auf, welcher eine Falltür hat und zum Einfangen eingerichtet ist. In diesen Käfig streut man stets das Futter und gewöhnt dadurch die Vögelchen daran, sich dort die Nahrung zu holen, während sie allmählich selber fressen lernen. So läßt man die jungen Vögel etwa 8—10 Wochen fliegen und bringt auch die weiterhin flügge werdenden in gleicher Weise hinzu. Sobald die Nächte kälter werden, gegen den Oktober hin, fängt man die ganze Gesellschaft ein und sperrt alle diese Jungen in eine geräumige Kammer oder in ein großes Flugbauer, in welchem sie sich bequem bewegen können und die Fluggewandtheit nicht verlieren. Im nächsten Frühjahr bringt man sie paarweise in Heckkäfige und stellt diese so an dasselbe und andere Bodenfenster, daß man von innen füttern und nach außen hin öffnen kann. Sobald ein Weibchen brütet, öffnet man die Tür, läßt das Männchen ausfliegen, füttert aber nur im Käfig. Jetzt braucht man sich um das Wiederkommen der Vögel keine Sorge zu machen, denn sie sind vom vorigen Sommer her an den Flug gewöhnt und durch den Aufenthalt im Freien so erstarkt, daß sie jede Witterung ertragen können. Die zweite und dritte Brut machen sie gewöhnlich auf den nächsten Bäumen und dann gewährt es ein doppeltes Vergnügen, sie mit den Jungen zur Fütterung ankommen zu sehen. Im Herbst fängt man sie natürlich wieder ein und läßt sie im nächsten Frühjahr wieder fliegen.

11*

Leider ist dieses Verfahren nur dort ausführbar, wo man die Vögel gegen alle Räuber, Elstern, große Würger, Katzen u. a. zu schützen vermag (nach Pastor Chr. Brehm).

Daß die Kanarienvögel aber auch unseren Winter gut im Freien überstehen, ist längst festgestellt. Dr. Gengler in Erlangen berichtet in der „Gefiederten Welt" über seine das ganze Jahr hindurch in freier Voliere gehaltenen Kanarienvögel wie folgt:

„Sehr gute Erfolge habe ich beim Überwintern im Freien mit unseren gewöhnlichen deutschen Kanarienvögeln erzielt und so mit der Zeit Vögel gezogen, die so hart wie ein Sperling, auch den härtesten Winter ohne Beschwerden im Freien durchmachen. Die Kanarienvögel, die zur Zeit in meinem Besitz sind, waren überhaupt noch nie in einer menschlichen Wohnung, geschweige denn in einem geheizten Zimmer.

Selbstverständlich werden diese Vögel leiblich sehr gut verpflegt.

Über die Farbenveränderung der im Freien gehaltenen und gezüchteten Kanarien habe ich folgende Erfahrungen gemacht.

Im Jahre 1876 begann ich gewöhnliche gelbe Kanarienvögel zu züchten, ohne auf Gesang oder besondere Farbe zu achten. Ich züchtete im Käfig, jedes Weibchen allein gehalten; gab jedem Männchen zwei Weibchen und entfernte das Männchen, nachdem das Gelege voll war, die Aufzucht der Jungen dem

Weibchen selbst überlassend. Jedes Weibchen ließ ich nur zwei Bruten machen. Anfang der 80er Jahre bekam ich zufällig ein sogenanntes wildfarbiges Weibchen, grün, mit gelbem Bauch und schwarzen Flügeln. Da erst kam mir die Lust, solche wildfarbige Vögel rein zu züchten. Da Männchen in dieser Farbe nicht zu haben waren, nahm ich ein weißgelbes gewöhnliches Männchen zu diesem Weibchen. Von diesem Paare zog ich in mehreren Jahren recht schöne, fast rein wildfarbige Junge und auch die Nachkommen dieser Jungen brachten bei sorgfältiger Auswahl der Brutpaare wenig Rückschläge zum gelben Vogel und ich glaubte schon, meine Rasse sei eine konstante geworden. Im Jahre 1891 mußte ich zur Blutauffrischung einige Weibchen anschaffen. Das Glück war mir hold und ich bekam tadellos wildfarbige Tiere. Als ich nun aber 1892 die Vögel ins freie Haus setzte und dieselben sich von da an nicht mehr nach meiner, sondern nach ihrer eigenen Wahl paaren konnten, kamen sofort Rückschläge zum gelbweißen Vogel und jetzt (im Jahre 1900) sind die Vögel hellgelb bis gelbweiß mit wenigen schwarzen Stricheln am Oberkopf. Die Figur ist groß und schlank. Also hat sich hier der Vogel nicht zur eigentlichen wilden Art, sondern zu seiner alten Kulturrasse zurückgebildet. Es scheint demnach der Kanarienvogel ein zu altes Kunstprodukt zu sein, das sich nicht so leicht wieder zur alten Art zurückführen läßt.

Die bei mir im Freien gehaltenen Vögel leben stets in Einehe und die Männchen beteiligen sich eifrig an der Aufzucht der Jungen und im Jahre 1894, als ein Weibchen, das zwei einige Tage alte Jungen hatte, starb, zog das Männchen die Jungen allein mit großer Hingebung auf.

Die Nester werden stets in die Kronen von Fichtenbäumchen, ungefähr 1 m hoch gebaut und sind dicht und fest aus Heu, Strohhalmen, Würzelchen und Waldmoos gefertigt und innen mit Watte und Federchen ausgepolstert. Das Gelege besteht fast immer nur aus drei Eiern und meist werden nur zwei Bruten gemacht. Im Jahre 1893 und 1894 wurden noch Bruten am 16. und 18. Oktober flügge."

Umfangreiche Einbürgerungsversuche hat Freiherr von Prosch auf seinem Gute Sohland (Sachsen) angestellt und zwar mit dem Erfolg, daß der Kanarienvogel jetzt zu dem regelmäßigen Bewohner der Gegend gehört. Er begann damit, die Vögel an freies Aus- und Einfliegen zu gewöhnen. Es wurden zu dem Versuch graugrüne Vögel gewählt, die als härter gelten und denen die Gefiederfärbung einen besseren Schutz gewährt. Die Vögel wurden in hochgelegenen, ungeheizten Vogelstuben gehalten, aus denen sie durch ein geöffnetes Fenster unmittelbar ins Freie gelangen konnten. Herr v. Prosch schildert die freifliegenden Kanarienvögel wie folgt: „Lange vor Rückkehr unserer Sänger, während andererorts

Park und Wald noch schweigen, ja während des ganzen Winters schmettern die grünen Kanarienhähne von Zaun und Strauch, von Dachfirsten, wie Strohseimen herunter ihr frisches, fröhliches, fremdartiges und doch auch allbekanntes Liedchen dem Vorübergehenden entgegen. Fällt dieses Liedchen schon im Sommer angenehm ins Ohr, so wird zu kalter Winterszeit dem munteren Vögelchen selbst vom stumpfen Alltagsmenschen die Anerkennung selten versagt. Wie mancher blieb schon stehen und lauschte verwundert, sich die kalten Ohren dabei reibend — ja, der Kanarienvogel, der Allerweltsfreund und Stubengenosse des kleinen Mannes erfreut sich auch hier in voller Freiheit der besonderen Zuneigung des Menschen. Freilich vermissen die Leute hier an ihm das gelbe Federkleid, doch dieses vertauschten langjährige Zuchtwahl meinerseits und Anpassung an die natürliche Umgebung gegen das viel zweckdienlichere graue des Weibchens und grünliche des Hähnchens. So mischt er sich nun hier als ein rechter Straßenjunge, wenn auch aus besserem Herkommen, im Winter unter das andere körnerfressende Proletariat auf dem Futterplatz des Hofgeflügels, während er im Sommer ohne anzustoßen mit dem Vetter Girlitz zur Tafel sitzen kann. An Wegrändern, auf den Gemüsebeeten und auf verunkrauteten Bodenhausen trifft man ihn mit seinesgleichen dann beim Nahrungserwerb für die zahlreiche Nachkommenschaft und wer's nicht weiß, wird in den hurtig Auffliegenden nie Kanarien vermuten. Wie einfach ist die Haltung dieses festen kleinen Burschen hier im Vergleich zu der mühsamen Befolgung all der ängstlichen Züchterregeln und wie vielseitig der spielende Erfolg! Man überläßt ihm alles selbst, beschickt im Winter den Futtertisch reichlich mit all den Leckerbissen, die dem Gelbrock im Bauer zwar das Leben versüßen könnten, die ihm aber — aus Gesundheitsrücksichten — beileibe nicht gereicht werden dürfen. So treten die Meinigen, statt „unfehlbar" zu sterben, bei bester Gesundheit in die Brutsaison ein und entsprechen ohne menschliches Eingreifen reichlich ihrem Lebenszweck. Schon Ende April verlassen in der Regel die ersten Jungen die Nester, welche in jeder Höhe, in Hecken, Koniferen, Spalieren, zwischen Bretterstößen und oft recht unerwarteten Örtlichkeiten hänflingsartig gebaut sind."

Mischlingszucht.

Es ist bekannt, daß die Kanarienvogel-Weibchen mit den Männchen verschiedener anderen verwandten Finken unter günstigen Verhältnissen zur Brut schreiten. Diese Zucht läßt sich ebenso wie die der Holländer Kanarienvogel-Rasse, mit der Voraussetzung wirklich guter Erfolge nur in Einzel-, bezl. Kistenkäfigen (wie sie S. 93 beschrieben sind), erzielen. — Doch sind auch Fälle bekannt, daß Kanarienweibchen, die in der Vogelstube unter anderen Finkenarten herumflogen, sich mit diesen paarten und Mischlinge erbrüteten und aufzogen. Nach Lenz verfährt man bei der Mischlingszucht in folgender Weise: Da die Männchen in der Hecke meist nur wenig oder abgebrochen, oft sogar gar nicht singen, so tut man am besten daran, wenn man ein solches nicht früher zum Weibchen bringt, als bis dieses anfängt, von selber in ein Nest einzutragen. Drei solcher Weibchen befinden sich nun in einem, in drei Abteilungen geschiedenen Käfig neben einander, doch so, daß sie sich gegenseitig nicht sehen können; nach Bequemlichkeit dürfen es drei Käfige neben einander sein. Beginnen nun die Weibchen zu Neste zu tragen, so läßt man das Männchen zu dem einen hinein und lockt es nach etwa sechs Stunden durch Grünkraut u. dergl. zu dem zweiten dann nach gleicher Zeit zum dritten. Der Nistraum muß natürlich so hergerichtet sein, daß das Männchen ohne Störung für die Weibchen aus einem Käfig in den andern wandern kann, woran es sich auch bald gewöhnt. Ein in seinen Mitteilungen zuverlässiger Züchter von Mischlingen versichert, daß e i n e Begattung des Stieglitz mit dem Kanarienweibchen für mehrere Eier, ja wohl für das ganze Gelege ausreiche. Der Vorteil, welchen man bei solcher Trennung der drei Weibchen hat, liegt darin, daß sie nicht miteinander zanken können, daß sie beim Brüten nicht gestört werden, und endlich auch darin, daß das Männchen nur ganz kurze Zeit bei den Weibchen ist und die übrige zum Singen verwenden kann. Auch

Abb. 36. Stieglitz-Kanarien.

wenn man ein Männchen nur mit einem Weibchen nisten läßt, kann man es, sobald das letztere brütet, fortlocken, und allein in seinen Käfig bringen. Diese

Absonderung der Männchen erweist sich bei den Mischlings=Züchtungen, namentlich mit dem Stieglitz und noch mehr dem Zeisig, fast immer für notwendig, denn dieselben zerstören nur zu oft Nest, Eier oder Brut.

Abb. 37. Stieglitz=Kanarienvogel.

Über die Mischlings=Züchtungen sind die Ansichten übrigens weit auseinandergehend; im allgemeinen steht es jedoch fest, daß bei großer Geduld, Aufmerk= samkeit und verständiger Pflege sich sehr günstige und außerordentlich interessante Erfolge erzielen lassen. Zu beachten ist zunächst, daß glückliche Bruten meistens nur dann vor sich gegangen sind, wenn man Kanarien-Weibchen mit fremden Männchen zusammenbrachte, während umgekehrt Stieglitz- u. dergl. Weibchen mit Kanarien-Männchen weniger leicht nisten. (Doch hat man in letztrer Zeit mehrfach Beispiele der Züchtung von Mischlingen zwischen Kanarienhähnchen und Stieglitz-, Hänflings-, Girlitz- u. a. Weibchen mitgeteilt.)

Erklärlicherweise soll die Mischlings-Züchtung im Freien immer am besten glücken. Man bringt dann den Käfig an einen zuweilen von der Sonne beschienenen Ort an, wo er gegen Zugluft, Regen und Raubzeug geschützt ist und füttert nun die Vögel auch möglichst mit der Nahrung, welche die betreffenden Männchen in der freien Natur lieben. Zum Aufziehen der Jungen gibt man in der Mischlingshecke ebenfalls gekochtes Hühnerei und eingeweichte Semmel, aber auch frische Ameisenpuppen. Guter Erfolge erfreut man sich am ehesten, wenn die Männchen junge Vögel sind, die man aus dem Nest genommen und aufgefüttert hat oder im Herbst gefangene selbständige aber noch nicht ausgefärbte junge Männchen. Man setzt jedes einzelne mit dem für dasselbe bestimmten Weibchen bereits im Herbst, abgesondert von anderen Vögeln, zusammen, damit sie sich an einander gewöhnen. Nach den Erfahrungen

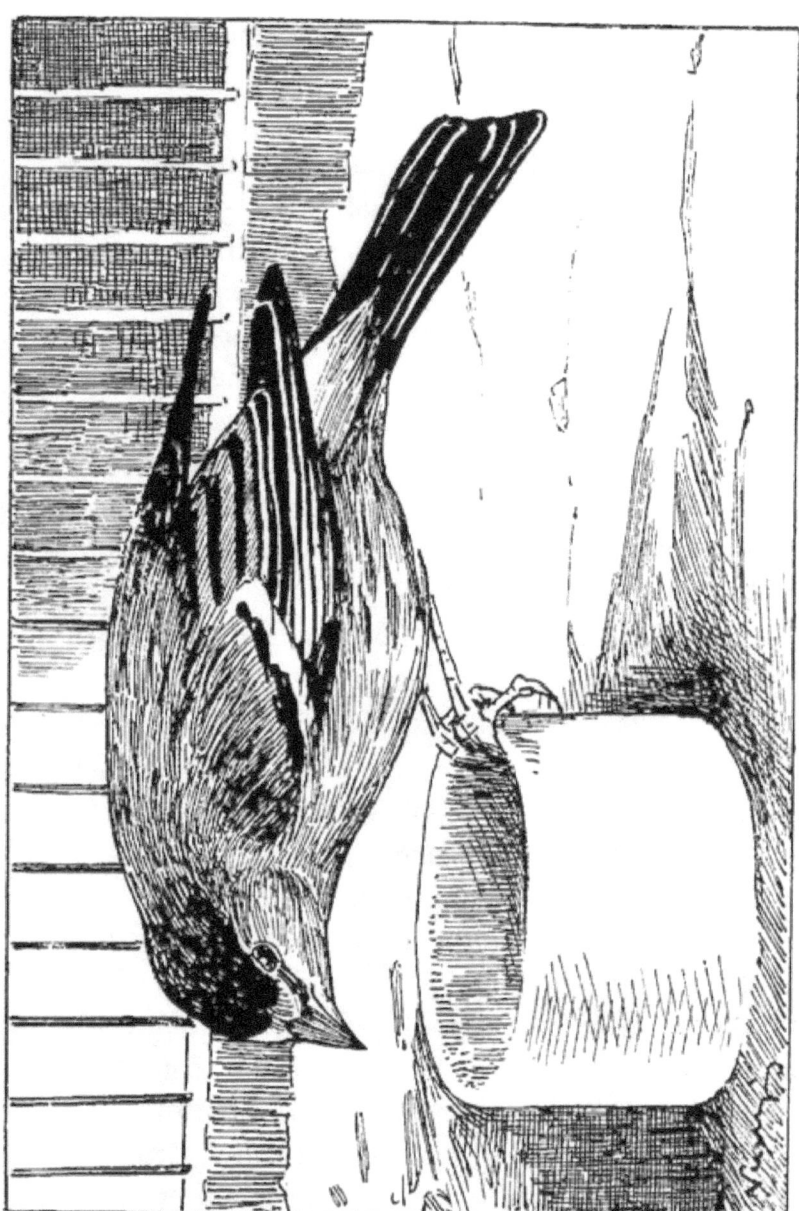

Abb. 38. Zeisig-Kanarienvogel.

anderer Züchter eignen sich gut eingewöhnte nicht scheue Wildfänge gleichfalls zur Zucht. Auch das Aneinandergewöhnen der Vögel ist nicht notwendig, häufig sogar vom Übel. Die Weibchen müssen, um zu erzielen, daß ein schöner Mischling die Zeichnungen des Männchens hervortreten läßt, am besten in einfarbigen, hell- oder weißgelben Vögeln bestehen.

Die Stieglitzkanarien lernen gewöhnlich gut und wohlklingend singen und sind ausdauernd. Gesucht sind unter ihnen die als Schwalben gezeichneten, bei denen Kopf und Flügel die Färbung des Männchens haben, während der übrige Körper reingelb ist; viel häufiger sind die, welche auf gelbem Grunde alle Zeichnungen des Stieglitz mehr oder weniger deutlich zeigen, am seltensten und kostbarsten die rein weißgelben bloß mit roter Kopfzeichnung. Hänflingskanarien sind entweder einfach bräunlichgrau oder gelb mit grauen Flecken; von dem Rot zeigt sich niemals eine Spur. Sie sind zuweilen recht hübsch, ihr voller, flötender Gesang ist sehr angenehm. Grünlingskanarien, graugrün oder gelb und grünlichgrau gefleckt, singen nicht besonders gut und sind etwas plump und nicht immer schön. Girlitzkanarien, grünlichgrau oder gelb und grau gefleckt von geringerer Größe, mit kurzem dicken Schnabel, singen auch nicht erwähnenswert. Zeisig-Kanarien, grau oder gelbgrün, nur selten gefleckt, ebenfalls klein, lernen gut schlagen und sind auch ausdauernd.

175

Abb. 39. Gehäubter Stieglitz-Kanarienvogel.

Die Verwendung gehäubter Kanarienweibchen zur Mischlingszucht ist nicht mehr üblich. Unserem Geschmack würden derartige Mischlinge, wie einer auf S. 175 dargestellt ist, nicht zusagen. Die Zeichnung ist angefertigt nach einer Abbildung aus „Naturgeschichte der Stubentiere" von J. M. Bechstein, Band I, „Die Stubenvögel", zweite Auflage, 1800. Bechstein hält Mischlinge zwischen Stieglitz und gehäubtem Kanarienweibchen für besonders schön und redet der Kreuzung auch anderer Wildvögel mit solchen Weibchen das Wort In einer Anmerkung will er aber zur Mischlingszucht mit Gimpeln, die damals in Böhmen stark betrieben wurde, solche Weibchen nicht verwendet haben, „weil diesen Bastarden, welche dicke Köpfe haben, solche Hauben äußerst schlecht stehen". Bechstein findet den Vogel, welcher unserer Abbildung als Vorlage gedient hat, „außerordentlich schön". Die Färbung ist folgende: Gesicht orangerot, Haube und Hinterkopf gelb, ein weißer Ring um den Hals, Oberseite stieglitzfarben, Brust- und Bauchseiten rötlichbraun, Brust- und Bauchmitte gelb, Schwanzfedern schwarz, gelb gespitzt, große Flügeldeckfedern gelb, Schwingen an der Grundhälfte schwarz, das andere gelb. Der schönste Stieglitz-Kanarienvogel, den Bechstein besessen hat, war ungefähr ebenso gefärbt, wie der geschilderte, nur war die Unterseite „schneeweiß"; auch der Schwanz zeigte bis auf einen schwarzen Seitenfleck diese Farbe.

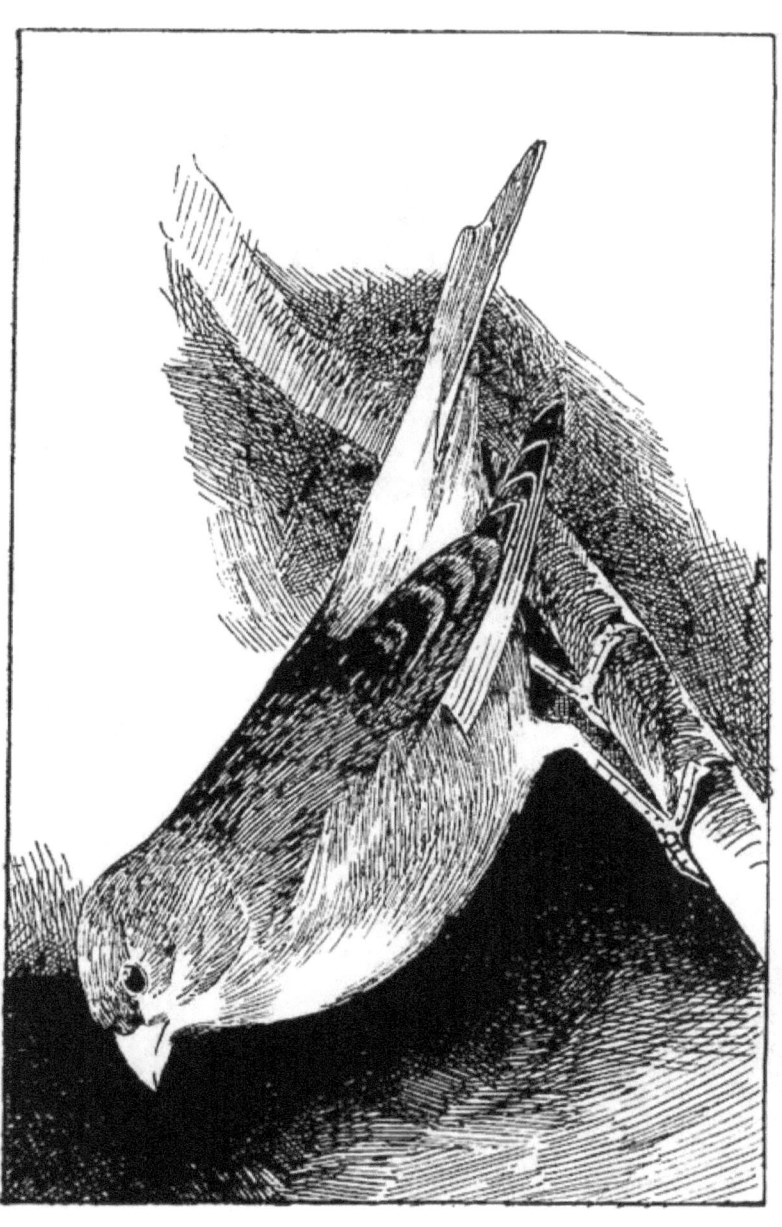

Abb. 40. Grünling~Kanarienvogel.

Abb. 41. Dompfaff × Kanarienvogel.

Gimpelkanarien soll man nach Fridrichs Behauptung freilich nur in seltenen Fällen, mit einem großen Kanarienweibchen und auch umgekehrt mit einem jungen aufgezogenen Gimpelweibchen und einem großen kräftigen Kanarienmännchen erzielen können; doch soll man nicht gehäubte Kanarienvögel dazu nehmen, weil die Tolle dem dicken Kopf sehr schlecht steht. Der Gesang soll leise, aber sehr anmutig sein. Nach Gebrüder Müller soll man in folgender Weise diese seltenen Bastarden züchten. Man nimmt einen Heckkäfig der durch eine Gitterwand in zwei Teile geschieden ist, in deren einen der Gimpel, in den andern das Kanarienweibchen kommt. Der Käfig steht in einem Zimmer allein, damit das Pärchen keine anderen Vögel hört und sieht. Im glücklichen Fall wird der Gimpel das Weibchen bald durch das Gitter ätzen. Sobald sich das Paar fest angenommen, wird die Gitterwand durch eine hölzerne, mit einem verschließbaren Türchen versehene Scheidewand ersetzt, so daß die Vögel einander nicht sehen können. Diese werden sich nun fortwährend locken; man füttert sie sodann einige Tage mit sehr hitzigem Futter (Hanf und Eigemisch), läßt sie aber noch getrennt, um ihr Verlangen zu steigern, und erst, wenn dieses einen hohen Grad erreicht hat, wird der Gimpel durch das Türchen in der Scheidewand zu dem Weibchen gelassen, das er dann zur Begattung zu zwingen suchen wird. In dieser Weise kann man befruchtete Eier erhalten und solche durch andere Heckvögel ausbrüten und erziehen lassen. Manchmal brüten jedoch auch die betreffenden Weibchen selbst sehr eifrig, wie dies z. B. bei Herrn Oberleutnant Kürschner in Bamberg der Fall war.

Andere Mischlinge. Ebenso hat und will man von Edelfinken, Zitron= und Flachsfinken, Berghänflingen, Goldammern, Feld= und Haussperlingen u. a. Kanarienmischlinge gezogen haben. Auch eine Anzahl fremdländischer Finken eignen sich für diese Mischlingszucht. Zahlreiche Züchter bereits zogen Mischlinge vom Graugirlitz oder Grauedelfink, Herr Hauptmann Bödicker in Stettin vom Goldzeisig oder amerikanischen Stieglitz und Kanarienweibchen. Man hat auch vorzugsweise schöne Mischlinge vom schwarzköpfigen Zeisig aus Westindien mehrfach erlangt. Außerdem sind der Gelbstirnige Girlitz, Hartlaubszeisig, Kapkanarienvogel und viele andere der nächsten Verwandten, ja selbst der Nonpareil oder bunte und der Indigovogel oder blaue Papstfink dazu tauglich.*)

Schon Bechstein behauptete, daß derartige Mischlinge fruchtbar seien. Von Stieglitzkanarien gibt er

---

*) Alle diese Vögel sind in dem „Handbuch für Vogelliebhaber" von Dr. Karl Ruß geschildert und in dessen größerem Werk „Die fremdländischen Stubenvögel" auch in farbigen Abbildungen dargestellt.

Abb. 42. Hänfling✕Kanarienvogel.

es mit Sicherheit an und fügt hinzu, daß diese Weibchen im ersten Jahr ganz kleine, nur erbsengroße Eier legen und schwächliche Jungen aufbringen. Beides kommt auch bei anderen jungen und schwächlichen Vögeln vor. Es sind mehrere Beispiele fruchtbarer Vermehrung verschiedener Mischlinge, namentlich von Girlitz, Hänfling und Zeisig, durch völlig glaubwürdige Züchter in der Zeitschrift „Die gefiederte Welt" mitgeteilt worden.

Krankheiten.

Jeder, besonders aber der feine Kanarienvogel, ist bei Vernachlässigung der Gesundheitspflege (die Leser finden die Anleitung zu derselben im Abschnitt ‚Verpflegung') von vielfachen Krankheiten bedroht. Dies liegt erklärlicherweise darin begründet, daß die Haltung des Kulturvogels von der naturgemäßen Lebensweise des Wildlings durchaus verschieden ist; Professor Reklam sagt mit Recht, der gelbe Hausfreund sei der einzige skrophulöse Stubenvogel*). Nur bei gewissenhafter Abwartung in jeder Hinsicht wird der Vogel sich wohlfühlen und uns durch Entfaltung seiner höchsten Lebenstätigkeit, seines Gesangs,

---

*) Die massenhaft gezüchteten weißen Reisvögel, japanischen Mövchen, demnächst auch wohl Wellensittich, Zebrafink und andere Prachtfinken, dürften ihm darin freilich nicht viel nachstehen.

Nistens usw. Freude und Vorteil bringen und für die Dauer gesund bleiben. Jedenfalls ist es leichter, Krankheiten zu verhüten, als zu heilen.

In neuerer Zeit sind wir nicht allein in der Vogelpflege und -zucht, sondern namentlich in der Kenntnis, Beurteilung und Behandlung der Vogelkrankheiten weiter vorgeschritten. Auf Grund der Forschungen, jahrelangen Beobachtungen, Untersuchungen und Krankheitsbehandlungen haben Männer der Wissenschaft und Erfahrung zugleich, so unter den ersteren namentlich Professor Dr. Zürn in Leipzig, es ermöglicht, eine sachgemäße, rationelle Behandlung der Vogelkrankheiten aufzustellen (s. Fr. Ant. Zürn „Die Krankheiten des Hausgeflügels", Weimar 1882), und indem ich es mir angelegen sein ließ, nach meinen eigenen Erfahrungen und nach Zürn's Forschungen die Vogelkrankheiten zu behandeln, kann ich in meinen Büchern eine sachgemäße und Heilung versprechende Darstellung bieten. Hinsichtlich der Mischungs- und Gabenverhältnisse, welche ich angeben werde, sei bemerkt: Alle vorgeschriebenen Arzneien kauft man in den Apotheken, zum Teil auch in Droguengeschäften. Die Auflösungen werden immer in destilliertem Wasser gemacht, wenn nicht ausdrücklich eine andere Flüssigkeit, Spiritus oder dergleichen angegeben ist. Da die zarte Natur, bez. Körperbeschaffenheit des Kanarienvogels doch vor allem äußerste Vorsicht erfordert, so glaubte ich die Gabenverhältnisse der Arzneien ungemein gering bemessen zu müssen, schon von dem Gesichtspunkt aus, daß jedes Arzneimittel von vornherein als Gift wirken kann, wenn es in zu großer Gabe gereicht wird.

Krankheitskennzeichen. Jeder Vogel, welcher nicht munter und frisch erscheint, nicht lebhafte Bewegungen, trübe und matte Augen, schmutzige oder verklebte Nasenlöcher, nicht ein glatt und schmuck anliegendes, sondern ein aufgeblähtes, wohl gar am Unterleib beschmutztes Gefieder hat, welcher still mit untergestecktem Kopf dasitzt, vielleicht gar kurzatmig ist, zeitweise einen schmatzenden Ton, Geräusch oder Pfeifen beim Atmen hören läßt, beim Nahen nicht aufmerksam wird, sondern etwa schon teilnahmslos dasitzt, muß als erkrankt sofort von den anderen entfernt werden. Auch achte man darauf, daß beim gesunden Vogel die Brust fleischig und der etwas zurücktretende Unterleib gelblichweiß ist. Ein sicheres Kennzeichen für den Gesundheitszustand eines Vogels ist Form und Festigkeit der Entleerungen. Sobald die Entleerungen irgend wie von der naturgemäßen Beschaffenheit abweichen, dünn, wässerig, schleimig, schmierig oder mißfarben erscheinen, können wir eine Bedrohung der Gesundheit des Vogels erkennen, auch wenn derselbe sonst gesund erscheint.

Schnupfen. (Katarrh der Nasen-, Rachen- und Mundhöhle.) Ursachen: Zugluft, eiskaltes Trinkwasser, plötzliches Sinken des Wärmegrades, überhaupt Erkältung. Krankheitszeichen: Niesen, gelber und schleimiger Ausfluß aus den Nasenlöchern, der sich in Krusten ansetzt, Schlenkern oder Schütteln mit dem Kopf, Auswerfen von Schleim. Heilmittel: Wärme und Trockenheit, Einatmen von Teerdämpfen (Teer 1 mit heißem Wasser 100; in kleinem Fläschchen unter den Schnabel zu halten), Einpinseln von gutem Fett, auch Auspinseln des Schnabels und Rachens mit Auflösung von chlorsaurem Kali (1 : 100); Reinigung der Nasenlöcher und des Schnabels mit

einer in Salzwasser getauchten Feder und dann Auspinseln
mit Mandelöl. — Der Volksmund nennt jede Erkrankung der
Atmungsorgane bei den Vögeln gewöhnlich Pips. Als Hilfs=
mittel braucht man das Abschälen der von der inneren Hitze
des armen Tieres trocken und hart gewordenen Zunge mit
einem Federmesser oder wohl gar das Abkneifen der Spitze
vermittelst des Fingernagels; dies Verfahren ist natürlich nur
eine rohe, durchaus zwecklose Tierquälerei.

Katarrh der Luftröhre (auch Rachen=, Kehlkopf= und
Halsentzündung). Ursachen: wie oben. Krankheitszeichen:
heisere oder ganz fehlende Stimme, Husten, beschleunigtes
Atmen, mit Rasseln oder Röcheln. Heilmittel: Eingeben von
Süßigkeiten, wie Honig, auch wohl Zuckerkand und reinem
Lakritzensaft; sodann Salmiak=Mixtur (S. 0,2 gr., Honig 3 gr.,
Fenchelwasser 100 gr.), täglich mehrmals einige Tropfen in
einem Teelöffel; Dulkamara=Extrakt (1 : 500) täglich zweimal
2—3 Tropfen, ferner gelinde Teer= oder Holzessigdämpfe (s. oben
Teerdämpfe) einzuatmen. Nur verschlagenes Trinkwasser, Aus=
pinseln des Mundes bis tief in den Schlund hinein, auch der
Nasenlöcher mit Salicylsäurewasser (1 : 500). Erleichterung
gibt es, wenn der Vogel in warmer und feuchter Luft ge=
halten wird; man spritzt vermittelst eines Zerstäubers täglich
einigemal lauwarmes Wasser um ihn her, während das Zimmer
etwa 18—21 Gr. R. Wärme hat. — Die besten und zartesten
Sänger befällt zuweilen Heiserkeit infolge zu lauten, über=
mäßig angestrengten Singens. Man bringe in diesem Fall
den Vogel zur Verhinderung des Weitersingens in einen be=
sonderen Raum oder, falls andere Sänger nicht im Zimmer
sind, verdunkle man seinen Käfig. Rohes Ei mit Zuckerkand,
gestoßner Gersten= oder Malzzucker im Trinkwasser oder im
Eifutter verursachen Erleichterung. — Heiserkeit und Kurz=
atmigkeit kann weiter eine Folge zu großer Fettleibigkeit
sein, man entziehe dem Vogel dann das Eifutter, Biskuit und
alle übrigen nahrhaften Zugaben und halte ihn mehrere Wochen

bei bloßem Rübsamen und Grünkraut. Bei leichter Heiserkeit tun einige Tropfen Eibischsaft, in's Trinkwasser gegeben, gute Dienste. — S. auch Lungenschwindsucht.

Lungenentzündung. Krankheitszeichen: Schmatzen, erschwertes oder kurzes, schnelles, pfeifendes Atmen mit aufgesperrtem Schnabel, heiße Brust, Traurigsein, mangelnde Freßlust, deutlich wahrnehmbares Fieber, schmerzhafter Husten, Auswurf von gelbem, zuweilen mit blutigen Streifen vermischtem Schleim, schmatzender oder keuchender Ton, besonders des Abends in der Stille zu hören. Heilmittel: Feuchte warme Luft wie vorhin; sodann Pillen von kohlensaurem Ammoniak (A. 0,01 gr mit Aleepulver und Wasser zu je einer kleinen Pille) täglich zwei- bis dreimal, oder gereinigter Salpeter (0,02—0,03 gr im Wasser), breistündlich zu geben; oder ein Mohnsamenkorn groß Chilisalpeter (Natr. nitr. dep.) ins Trinkwasser. Bei katarrhalischer Lungenentzündung auch die bei Luftröhrenkatarrh angeratenen Mittel.

Lungenschwindsucht (Tuberkulose). Ursache: erbliche Anlage, Züchtung in zu heißen Räumen. Kennzeichen: wie bei Lungenentzündung, aber in erhöhtem Maße; Abmagerung. Heilung: unmöglich. Harzer Züchter und Händler empfehlen besonders nahrhaftes Futter: ein Gemisch aus hartgekochtem Ei, geriebenem Weißbrot und braunem Kandis, bei welchem sich der Vogel allerdings manchmal noch einige Monate erhalten läßt, doch bleibt sein Gesang schwach und er darf niemals in die Hecke gebracht werden. Bei einem feinen Rollvogel erachtet man eine schwache, dünne Stimme in der Regel als Vorläufer der Heiserkeit; da die letztere sich aber im Beginn gewöhnlich nur frühmorgens oder am späten Nachmittag äußert, so entgeht sie meistens dem Besucher einer fremden Züchterei, welcher sich beim Abhören ja gewöhnlich auf die mittleren Tagesstunden beschränken muß. Ist die Heiserkeit in erblicher Anlage, also in Lungenschwindsucht, begründet, so stellt sie sich erst mit den folgenden Jahren als unheilbare Krankheit ein. Man hält sie für ungefährlich, solange sie nicht von dem erwähnten Schmatzen begleitet ist.; dann aber gilt ein solcher Vogel für unrettbar verloren, selbst wenn er noch zeitweise singt und ganz vergnügt sich zeigt. — Tuberkulose tritt noch vornehmlich in der Leber, ferner im Herz, Herzbeutel, Milz, Nieren, Magen, Eierstock, Därmen u. a. auf und ist stets unheilbar.

Der Luftröhrenwurm oder Kehlkopfswurm (Syngamus trachealis s. Strongylus syngamus) kommt als einer der unheilvollsten tierischen Schmarotzer, ebenso bei allen Stubenvögeln wie beim Hofgeflügel vor. Er erscheint blutegelähnlich, walzenförmig, doch nach hinten zugespitzt, rötlich; Männchen 4—5 mm, Weibchen 12—13 mm lang, Dicke 0,5—0,6 mm; Eier zylindrisch, Länge 0,11 mm, Dicke 0,036 mm. Mit starker Mundkapsel, welche ähnlich wie ein Schröpfkopf wirkt, saugt er sich in der Schleimhaut des Kehlkopfs oder der Luftröhre einzeln oder zu mehreren fest, verursacht Rötung, Anschwellung, dicken, zähen Schleimbelag und dadurch, sowie durch seinen sich immer mehr vollsaugenden Körper, selbst Erstickung. Krankheitszeichen: eigentümlicher Husten, Hin- und Herschleudern des Kopfes, Atemnot, Schnabelaufsperren, Luftschnappen, Schleimauswerfen. Übertragung: dadurch, daß der Kranke selbst oder ein anderer Vogel den ausgeworfenen Schleim, in welchem sich massenhaft Eier des Schmarotzers befinden auffrißt. Vorbeugungsmaßregel: Strengste Absonderung des kranken Vogels und sorgsamste Beobachtung, trockner, gut gelüfteter Aufenthalt und äußerste Reinlichkeit. Bei massenhaftem Auftreten: Abscheuern der Käfige und Wände, sowie der Futter- und Wassergeschirre mit heißem Seifen- und Karbolsäurewasser (1 : 10). Holzkäfige sind zu verbrennen. Heilmittel: Besichtigung des Kehlkopfs und Herausnehmen des Wurms vermittelst Pinzette [Zürn]; Einpinseln von reinem Terpentinöl; Einatmen von Kreosotdämpfen (in K. 1 und

Wasser 500 wird ein glühender Eisenstab getaucht); Eingeben von einigen Tropfen reinen Leinöls.

Diphtheritis und Kroup (diphtheritisch=kroupöse Schleimhautentzündung; volkstümlich: Bräune, Rotz, gelbe Mundfäule, gelbe Knöpfchen, Schnörgel u. a.), wird durch pflanzliche Schmarotzer, Kugelspaltpilze, Gregarinen*) genannt, hervorgerufen. Krankheitszeichen, Husten, Niesen, schweres Atmen bei geöffnetem Schnabel, Kopfschütteln, Auswurf von süßlich riechendem Schleim, auch Schlingbeschwerden, Luftschnappen und zunehmende Atemnot unter Schnarchen und Röcheln, zunehmende Mattigkeit, Sitzen am Boden flügelhängend mit geschlossenen Augen (zugleich fast immer Darmkatarrh mit wäßrig=schleimigen Ausleerungen), dann Zittern und Schüttelfrost und Durst. Der Sitz der Krankheit sind die Schleimhäute des Rachens, Kehlkopfs, der Luftröhre, der Bronchien und des Darms, auch die Nasenschleimhäute, Bindehäute und Hornhaut der Augen. Aus den Nasenlöchern quillt gelbe, schleimige, schmierige Flüssigkeit, die sich in dunkelgelben oder bräunlichen Krusten festsetzt; die Augenlider schwellen an und werden verklebt. Dauer der Krankheit: einige Tage. Vorbeugungsmittel: Untersuchung jedes neu angeschafften Vogels und Absonderung zur Beobachtung; strengste Absonderung jedes Erkrankten; sofortige Vernichtung der Gestorbenen und sorgfältigste Reinigung der Käfige und Geschirre mit Karbolsäure=Wasser. Heilmittel: Es erscheint als Hauptaufgabe, jede Ansteckung, die durch die geringste Berührung von Absonderungen der ergriffenen Teile bewirkt werden kann, zu verhindern. Eingeben von täglich 1 Tropfen Karbolsäure=Wasser (1 : 500) im Trinkwasser und Bepinseln oder Besprengen der erkrankten Schleimhautstellen

---

*) Die Gregarinen (abgeleitet von grex, die Herde) oder Psorospermien sind mikroskopische Lebewesen, welche neuerdings für pflanzliche, herdenweise auftretende und verschiedene schwere Krankheitserscheinungen an Menschen und Tieren verursachende Organismen angesehen werden [Zürn].

mit demselben vermittelst des Zerstäubers. Die Krusten müssen mit mildem Fett erweicht, nicht mit Gewalt fortgerissen werden. Auch Höllensteinauflösung (1:500) zum Pinseln und dann Nachpinseln von Kochsalzauflösung (1:100) für die Augen Salicylsäure-Wasser (1:500) oder Auflösung von Kupfervitriol und Tanninauflösung (1:500). Innerlich gibt man chlorsaures Kali (1:500), täglich dreimal 1—2 Tropfen und äußerlich pinselt man damit. Meines Erachtens ist jeder Heilungsversuch vergeblich.

Verdauungsschwäche. Krankheitszeichen: Mangelnde Freßlust, wenig brauner, fester Kot, Trägheit. Ursachen: unpassendes oder verdorbenes Futter und dadurch unrichtige Beschaffenheit der Galle u. a. Verdauungssäfte. Heilmittel: leichtes Futter, wenig Grünfutter, etwas Salz und schwach erwärmtes Trinkwasser; gute Dienste leistet lauwarmer Rotwein etwa 2—3 Tropfen im Trinkwasser. In England gibt man eine Schote Kayennepfeffer oder etwas Aufguß davon ins Trinkwasser. Wer dem Vogel täglich etwas amerikanische Hafergrütze unter das Futter mischt, wird nie mit der Verdauungsschwäche zu tun haben.

Blähsucht (Windgeschwulst) erscheint als flache weiße Anschwellung; kommt vornehmlich bei jüngeren Vögeln, meistens schon im Nest, vor, ist begründet in Verdauungsstörungen, wird also durch ein unpassendes verdorbenes oder zu reichliches Futter hervorgerufen. In leichterem Grade heilbar durch vorsichtiges Aufstechen der blasenartigen Anschwellung, die Luft entweicht dann unter gelindem Druck, und man betupft darauf die Stelle mit erwärmtem Öl; Nestjunge wickelt man dann auch in weiche, lose Watte. Knappe und magere Fütterung der erkrankten, bez. der alten Vögel ist sodann die Hauptbedingung zur Heilung.

Unterleibsentzündung, Darmentzündung, Brand auch schwarzer Brand, Magenentzündung. Ursachen: Erkältung, eiskaltes Trinkwasser, verdorbenes oder zu reichliches Futter, auch Fressen zu frischer Sämereien oder nassen Grünkrauts. Kennzeichen: Herunterbiegen des Unterleibs und Wippen mit dem Schwanz beim Entleeren; aufgetriebener und geröteter Unterleib (im Harz bezeichnet man die Vögel deshalb als rotkrank) und fühlbar hervortretendes Brustbein; Entleerungen von gleichmäßig schwärzlichgrüner Farbe (anstatt teils weiß und kalkartig und teils schwärzlich) und sauer oder übelriechend; Aufhören der Freßlust bei gefüllt bleibendem Kropf und großer Durst. Die Krankheit ist äußerst ansteckend und dadurch übertragbar, daß die wässerigen Entleerungen mit dem Futter irgendwie in Berührung kommen; sie tritt dann zuweilen als Epidemie auf. Heilmittel: Absonderung jedes erkrankten Vogels, Unterbringung desselben in einem gleichmäßig erwärmten Raum (18—20 Gr. R.); Entziehung des Weichfutters, der eingequellten Sämereien, des Grünkrauts, Obsts u. a., Nichtstopfen des Durchfalls; täglich ein Tropfen einfache Opiumtinktur oder Rotwein ins Trinkwasser; zur Fütterung etwas Mohnsamen und amerikanische Hafergrütze zu gleichen Teilen; Reiswasser, gebrannte Magnesia (mit Wasser anzureiben und als dünner Brei einzuflößen) oder anderer Schleim; schließlich auch wohl täglich ein- bis zweimal Höllensteinauflösung (1 : 800). Eisenvitriol ins Saufwasser (1 : 300) oder Salzsäure, 1 Tropfen auf ein großes Weinglas mit Wasser. Meistens ist der Vogel verloren. — Das Sterben der Jungen in den Nestern während der ansteckenden Unterleibsentzündung: Anfangs gedeihen die Jungen vortrefflich, haben volle Kröpfe und zeigen sich in beginnender guter Befiederung; dann aber sträubt ein Junges nach dem andern das Gefieder, atmet langsamer, bekommt Krämpfe, und nach wenigen Tagen ist es um die ganze Brut geschehen. Der Unterleib ist stark aufgetrieben, die Brust eingefallen, die Eingeweide sind angeschwollen, anscheinend verschlungen, von schwärzlichem Aussehen, die Entleerungen sind von schwärzlichgrüner Färbung. Die Toten gehen sehr rasch in Fäulnis über. Die Krankheit hat epidemischen Charakter. Als Ursachen möchte ich 1) das Einwerfen leberkranker Vögel in die Hecke, 2) das allzustarke Besetzen der Heckräume, 3) einen zu niedrigen Wärmegrad in der Hecke und ein mangelhaftes Schließen der Fenster, 4) zu reichliche Verabreichung von angefeuchtetem Futter bezeichnen. Von einer Heilung kann kaum die Rede sein. In welchem Grade Unterleibsentzündung ansteckend ist, ergibt folgendes Beispiel: In einer Züchterei war die Epidemie ausgebrochen; um derselben Einhalt zu tun, wurden die Vögel herausgenommen und alles wurde entleert und gereinigt. Ein anderer Züchter sah das Moos aus den Nestern auf dem Hof liegen, nahm und verwandte es für seine Hecke, ohne daß er von der Krankheit wußte — und schleppte dadurch die unheilvolle Seuche bei seinen Vögeln ein.

Durchfall (Diarrhoe, auch Darmkatarrh). Ursachen: Bei älteren Vögeln gewöhnlich nur verdorbnes Futter; bei jungen oft Erkältung. Krankheitszeichen: weißliche oder gelbliche, schleimig werdende Entleerungen, Zusammenkleben der Federn am Hinterleib, aufgetriebne, wohl gar entzündete Entleerungsöffnung. Heilmittel: Entziehung des Grünkrauts; Wärme; Fütterung mit Mohnsamen; für jeden Vogel täglich ein Tropfen Opiumtinktur ins Trinkwasser. — Bei Ruhr, kenntlich durch starkes Drängen und Wippen mit dem Hinterleib, zähschleimige, auch wohl blutige Entleerung, gibt man 2—3 Tropfen Rizinusöl mit dünnem Haferschleim, auch wässerige Rhabarbertinktur 1—3 Tropfen auf ein Spitzgläschen Trinkwasser täglich. Die festgeklebten Federn am Hinterleib müssen mit warmem Wasser abgewaschen werden, und dann stellt man den Vogel an einen recht warmen Ort.

Kalkdurchfall (Kalkschiß, Kalkmist). Ursachen: Mikrokokken und Bakterien, also mikroskopische pflanzliche Schmarotzer, welche sich sehr leicht übertragen, bez. ansteckend wirken. Kennzeichen: starker Durchfall mit Entleerungen von dünnem, weißgelbem Schleim, welche dann grünlich werden und den Unterleib stark beschmutzen, mangelnde Freßlust, mattes Dasitzen mit hängenden Flügeln, Hinfälligkeit, manchmal auch Erbrechen von dünnem, grünlichem Brei, starker Durst, Zittern, hochgesträubte Federn, Taumeln, Tod unter Krämpfen. Vorbeugungsmittel: sorgfältige Absonderung jedes erkrankten Vogels; sorgsamste Desinfektion mit Chlorwasser und äußerste Reinlichkeit. Ist die Krankheit bereits ausgebrochen, so gibt man den noch gesund gebliebenen Vögeln Auflösung von schwefelsaurem Eisenoxyd (1 : 500) 1—2 Tropfen ins Trinkwasser und zwar 14 Tage hindurch. Heilmittel: gleichfalls Auflösung von schwefelsaurem Eisenoxydul drei- bis viermal täglich; in Andreasberg soll man gepulverten Rhabarber mit Zucker abgerieben ins Futter geben; im übrigen ist Rettung kaum möglich.

Verstopfung kann in verschiedenen Krankheitsursachen begründet sein, hauptsächlich aber in Verdauungsstörungen, Fettsucht (s. diese). Krankheitszeichen: Drang zum Entleeren, Wippen mit dem Hinterleib, Federnsträuben, Traurigkeit, Mangel an Freßlust. Heilmittel: man füttert den Vogel einige Tage mit geschältem Hafer, oder besser amerikanischer Hafergrütze, ohne Beigabe anderer Körner. Eingeben von Rizinusöl mit Schleim, 1—2 Tropfen, ein- bis zweimal täglich; geschabte süße Mohrrüben und Grünfutter sind auch als Abführmittel zu empfehlen.

Wassersucht. Ursache: Erkältung, Bauchfell-Entzündung; auch wohl Folge von anderen Störungen, wie Tuberkulose der Eingeweide. Kennzeichen: Anfangs Atmungsbeschwerden, dann aufgetriebener Leib und im hochgradigen Zustand deutlich zu erkennende Flüssigkeit in dem aufgetriebnen Teil. Nicht zu heilen. Ein derartig erkrankter Vogel ist zu töten.

Fettsucht. Ursache: Unzweckmäßige Ernährung und Haltung. Kennzeichen: erschwertes Atmen, Keuchen, schwerfällige Bewegung, harte oder doch dickliche Entleerung, bei näherer Untersuchung ein sehr voller, wie mit Fett gepolsterter Körper schlaffe, faltige, untätige Haut, auch wohl federlose Stellen.

Heilmittel: Knappes Futter, viel Grünkraut; bei Verstopfung Rizinusöl täglich ein- bis zweimal 1 Tropfen; geräumiger Käfig, auch öfteres Baden. Von gutem Erfolg ist es, einen an Fettsucht leidenden Vogel 8—14 Tage lang ausschließlich mit amerikanischer Hafergrütze zu füttern.

Die **Abzehrung oder Dürrsucht** (Darre) ist keine Krankheit an sich, sondern nur das Krankheitszeichen in verschiedenen Zuständen, zuweilen bloß eine Folge von Verdauungsstörungen, meistens aber von mancherlei Leiden der Verdauungs- oder Atmungswerkzeuge oder irgendwelcher anderen Körperteile, so auch von Entzündung und Vereiterung der Bürzeldrüse. Heilung also nur durch Ermittlung und Hebung der verschiedenen Ursachen.

Erkrankung der Bürzeldrüse (auch Fettdrüse). Diese gewährt dem Vogel das für die Erhaltung des Gefieders nötige Fett. Am häufigsten füllt sich die Drüse zu sehr mit Fettmassen, die dann verhärten oder ganz vereitern, so daß sie einem Geschwür gleicht, welches man fälschlicherweise ebenfalls vielfach als Pips bezeichnet und durch Aufschneiden oder unvernünftig genug durch Abschneiden, Ausdrücken u. a. zu heilen sucht, wodurch der Vogel leicht in Lebensgefahr kommt. Heilmittel: Sorgsame Untersuchung, ob die Drüse nur verhärtetes Fett oder wirklich Eiter enthält; im ersten Fall Bestreichen mit warmem Olivenöl, zwei- bis dreimal täglich, zugleich viel Grünkraut, Bewegung und vorsichtiges Abbaden mit lauwarmem Wasser; wenn Eiter vorhanden: vorsichtiger Einschnitt, gelindes Ausdrücken und nach Zürn Auspinseln mit Borsäure-Auflösung (1 : 100). Bei einer Entzündung der Bürzeldrüse (meist gleichzeitig mit Durchfall): Entfernung der nächsten Federn; Auflegen von Bleiwasserläppchen; nach Zürn vorsichtiges Pinseln mit Karbolsäure-Wasser (1 : 500), dann Bestreichen mit mildem Fett, Glyzerin oder Zinksalbe. — Die Aussteller finden zuweilen auf dem Bauch eine kleine fettig erscheinende Warze, welche nur bei Männchen vorzukommen pflegt und völlig unschädlich ist.

Erkranken der Weibchen beim Eierlegen oder Legenot. Ursachen: Noch zu junge und schwächliche, matte und kränkliche Weibchen; im Gegensatz dazu auch zu fettleibige Weibchen; Mangel an kalkhaltigen Stoffen zur Bildung der Eierschale; auch Störung unmittelbar vor dem Eierlegen; schließlich kann während desselben eine Eierstockung entstehen. Vorbeugungsmittel: kräftige und reichliche Fütterung der mageren Weibchen, ehe man sie in die Hecke bringt, und Einsetzen in dieselbe erst zu Mitte oder zu Ende April; bei sehr fetten Weibchen Entziehung des Eifutters während 6 Wochen und Fütterung nur mit Rübsamen; acht Tage vor dem Einsetzen beginne man mit reichlicherer Nahrung und setze sie wenn möglich schon Mitte Februar mit dem Männchen zusammen; Versorgung aller Zuchtvögel das ganze Jahr hindurch mit Kalk und gutem, trocknem Sand (s. S. 112). Häufig hilft schon, wenn das legekranke Weibchen in hohe Wärme gebracht wird. Leidet ein Vogel an Legenot, so hockt er meist am Boden. Untersucht man den Vogel, so kann man das Ei deutlich fühlen. Das wirksamste Mittel, den Vogel vom Ei zu befreien ist folgendes: Man nimmt den Vogel in die Hand, läßt auf den Unterleib desselben einen dünnen Strahl kalten Wassers fließen und bringt das Tier dann an einen recht warmen Ort. Nach kurzer Zeit wird das Ei gelegt sein.

Vorfall des Darms oder der Legeröhre kommt leider zuweilen vor. Man wasche dann den ausgetretnen Darm, bzl. die ausgetretne Legeröhre mit lauwarmem Bleiwasser vermittelst eines sehr weichen Leinwandläppchens oder noch besser mit einem Bausch von Charpie oder Wundfäden, in das Bleiwasser getaucht, vorsichtig ab und suche sie dann durch sanftes Zurückschieben und Drücken wieder hineinzubringen. Zugleich gebe man einen Tropfen von einem Gemisch halb Rizinus- und halb Provenzeröl, und zwar alle Tage einmal,

ungefähr 5 bis 6 Tage hindurch, ein. Man kann das Oel=
gemisch auf erweichtem und gut ausgedrücktem Weißbrot reichen.
Sollten die Entleerungen dabei dünn oder sogar wässerig werden,
so höre man mit der Gabe von Ölgemisch natürlich so=
gleich auf und gebe, wenn der starke Durchfall anhält, 1—3
Tropfen guten Rotwein täglich ins Trinkwasser. Bei dieser
Behandlung wird der Darm nach vorsichtigem Hineinbringen
meist drinnen bleiben. Sollte dies wider Erwarten nicht
der Fall sein, so muß man sich in der Apotheke eine Abkochung
von Eichenrinde mit Zusatz von Bleiessig machen lassen; davon
erwärme man etwas in einem Töpfchen ganz schwach, bade
darin den heraushängenden Darm, wie vorhin angegeben,
sorgsam und vorsichtig ab, trockne ihn durch Betupfen, und
nun pudere man ihn mit Kolophonium, um ihn schließlich
wiederum vorsichtig hineinzubringen. Dann wird er jedenfalls
darin haften bleiben. Das Kolophonium muß aber aufs
äußerste fein gepulvert und durchgesiebt sein und sodann auch
vorher sorgfältig ausgewählt werden, damit es nicht etwa
irgendwie verunreinigt oder beschmutzt sei; dann dient es in
wohltätiger Weise als Haftmittel, und der Darm wird darauf
nicht mehr herauskommen. Vor dem Bepudern ist der Darm
nicht bloß durch das Abbaden in der Abkochung von Eichen=
rinde sorgfältig zu reinigen, sondern er muß auch durch das
Betupfen mit der Leinwand vorher möglichst lufttrocken gemacht
werden; andernfalls klebt das Kolophonium nicht ausreichend

Zu den Krankheiten, welche auf Verdauungs=
störungen und deren Folgen beruhen, gehört die
Schweißsucht oder sogenannte Schwitzkrankheit der
Kanarien; sie tritt leider nicht selten recht unheilvoll
in den Kanarien=Züchtereien auf. Wenn man einen
Finger unter den fest auf dem Nest sitzenden Vogel
steckt, so fühlt sich der letztere ganz naß an, die

Jungen, deren Flaum naß und klebrig am Körper liegt, kommen um und auch das alte Weibchen leidet erheblich und stirbt nicht selten ebenfalls.

Die Krankheit hat mit dem „Schwitzen", also einer Absonderung von Schweiß nichts zu tun. Vögel haben keine Schweißdrüsen. Sie können also nicht „schwitzen". Die Krankheit ist eine mit wässeriger Entleerung verbundene Verdauungsstörung, die ihren Grund in Erkältung oder in Fütterung mit schwer verdaulichen Futterstoffen hat. Die wässerigen Entleerungen der jungen Vögel kann die Alte nicht entfernen, das Nest wird schmutzig und feucht, ebenso das Bauchgefieder der Alten und der spärliche Flaum der Jungen. Die jungen Vögel frieren, werden matt, hören auf zu sperren und gehen ein. Wird die Krankheit frühzeitig genug bemerkt, so hilft Entziehung des Eifutters und Darbieten von gemischten Sämereien, als Spitzsamen, blauen Mohn, Hanf, Wärme und Lufterneuerung. Notwendig ist eine häufige Erneuerung des Nestes. Vor allen Dingen darf kein Weichfutter irgend welcher Art gereicht werden.

Leberkrankheiten. Ursachen: schlechte, bzl. verdorbene Nahrungsmittel, zu reiche Bevölkerung der Nisträume. Kennzeichen: die sogenannten Leberflecke; Mangel an Freßlust; Verblassen des Gefieders. Sind es kleine Flecke, ist der Unterleib nicht ausgetrieben und singt der Vogel noch, so hat das nicht viel zu bedeuten. Man gebe dann trocknes Futter; doch sollte man Vögel mit Leberflecken überhaupt nicht zur Zucht verwenden, denn sie bringen kranke Junge hervor. Bemerkt man aber einen großen violettbräunlichen Fleck unterhalb des Brustbeins und ziehen sich die Flecke breit über den Leib, namentlich über die rechte Seite, so ist die Leber entzündet und angeschwollen und der Vogel kaum zu retten. Im Harz hält man derartig erkrankte Kanarien sehr warm und füttert sie mit Mohn, Leinsamen und nur ein wenig Rübsamen. Die von solchen Vögeln erzeugten Jungen sind wahrscheinlich schon im Ei krank, denn sie gedeihen selten bis zur Nestreife. Aus der Leberkrankheit entwickelt sich bei den Alten und Jungen sehr leicht die ansteckende Unterleibsentzündung (s. S. 189). — Gelbsucht (kaum zu erkennen). Ursache: durch unrichtige Ernährung oder zu reichliche Fütterung, infolge von Darmkatarrh, wird der Gang verschlossen, welcher die Galle in den Dünndarm ausführt; dadurch entsteht Stauung, Aufsaugung der Galle ins Blut und damit Gelbsucht. Heilmittel: Glaubersalz (0,02 gr.) in Wasser täglich 1—2=mal zur Abführung. auch Aufguß von Kalmuswurzel (1 : 100) täglich 2—3=mal einige Tropfen; im übrigen knappes, leichtes Futter, Grünkraut. — Tuberkelbildung in der Leber s. S. 186. — Pocken. Wo diese Krankheit in einer Hecke auftritt, sind die Vögel fast bis auf den letzten Kopf verloren. Sie beginnt damit, daß sich kleine Pocken am Kopf und zu beiden Seiten der Brust und des Unterleibs bilden; jeder Kranke geht in den nächsten Tagen ein. Von einem Heilmittel kann nicht die Rede sein; man muß sich vielmehr darauf beschränken, dem Überhandnehmen der äußerst ansteckenden Krankheit möglichst vorzubeugen.

Schlagfluß. Ursachen: große Erregung, Schreck, Angst u. a., auch starke Hitze, zu viel Hanfsamen bei heißem Wetter und plötzliches zu starkes Blutzuströmen, Fettsucht. Krankheitszeichen: sonderbares schiefes Halten des Kopfs, Augenverdrehen, Taumeln oder Rückwärtsgehen, Drehbewegungen, rascher Tod unter Krämpfen. Vorbeugungsmittel: Abwendung der genannten Einflüsse, täglich Salzsäure im Trinkwasser (einen Tropfen auf ein Wasserglas voll), knappes Futter und viel Grünkraut. Heilmittel: kaltes Wasser auf den Kopf, vermittelst Brause oder Auflegen eines gefüllten Schwamms, als Abführmittel Rizinusöl. — Krämpfe, epileptische Anfälle. Der Vogel stürzt plötzlich zusammen unter heftigen Zuckungen, Flügelschlagen und drehenden Bewegungen oder er beginnt zu zittern, wankt, verdreht die Augen, dann den Kopf, fällt um und zappelt ebenso heftig. Ursachen: ganz dieselben wie vorhin, namentlich aber noch Halten in zu engem Käfig, zu starke Ofen- oder Sonnenhitze, unbefriedigter Geschlechtstrieb u. a. Vorbeugungsmittel: gleiche. Heilmittel: Futterveränderung, viel Grünkraut und Obst, kühle, freie Luft, Ortsveränderung und im übrigen gleichfalls wie vorhin. Beim Anfall nimmt man den Vogel in die Hand und hält ihn aufrecht, damit er sich nicht stoße und beschädige, sondern Linderung habe; von den gebräuchlichen barbarischen Heilmitteln, Fortschneiden einer Zehe oder sonstwie Blutlassen, rate ich ab. Die mit Krämpfen behafteten Kanarien sind überaus ängstlich und zirpen namentlich beim Füttern eigentümlich. Wenn der Krampf nur einmal vorgekommen, so hat er meistens keine Bedeutung; erst wenn er sich wiederholt, wende man die Heilmittel an und suche vor allem die Ursache zu ergründen. — Drehkrankheit oder Taumelsucht entsteht entweder durch fortwährendes Drehen um sich selber im engen, runden Käfig oder durch Anstoßen an eine scharfe Ecke und Beschädigung des Schädels oder durch tierische Schmarotzer im Gehirn. Krankheitszeichen: schief gehaltner Kopf, Hintenüberbiegen, Drehen um sich selber, Taumeln, Überschlagen mit Krämpfen. Heilung nur im ersten Fall durch geräumigen, viereckigen Käfig, in den andern Fällen kaum möglich.

Augenkrankheiten. Anschwellungen und Entzündungen der Augen-Bindehäute werden durch Erkältung hervorgebracht. Krankheitszeichen: Tränen der Augen, Anschwellen der Lider, Lichtscheu. Heilmittel: Pinseln mit lauwarmer Chlorflüssigkeit (1 : 500 Wasser) oder Alaun (1 : 500) oder Zinkvitriol- (1 : 600) Auflösung. — Ferner kann Entzündung der Bindehäute oder der Hornhaut entstehen durch Stöße oder Bisse ins Auge. Heilmittel: Kühlen mit Wasser, Einpinseln von Zinkvitriol-Auflösung oder einer Auflösung von Pottasche mit Opium (P. 1 : 200 Wasser Opium 1).

Gicht (eiternde und gichtische Gelenkentzündung). Krankheitszeichen: Verminderung der Freßlust, Fieber, Anschwellungen an den Gelenken der Flügel und Füße, die anfangs fest, stark gerötet, sehr warm und schmerzhaft sind, dann weich werden und eine mit Blut und Eiter gemischte Flüssigkeit enthalten; späterhin werden sie wieder hart und haben einen gallertartigen oder käsigen Inhalt; zuweilen tritt nach Wochen Selbstheilung ein, doch bleibt gewöhnlich Verdickung des Gelenks zurück; in einem anderen Fall tritt langsame Abmagerung, Blutarmut (blasse Schleimhäute), sodann starker Durchfall und Tod an Erschöpfung ein. Heilmittel: Trockenheit und Wärme; wenn die Anschwellung entzündlich und heiß ist, Kühlen mit Blei-, Arnika- oder Essigwasser, wenn hart, Einreiben mit Kampher- oder Ameisenspiritus, auch Umwicklung mit erwärmtem Wollenzeug; wenn die Geschwulst eiterig, Aufschneiden, doch keinesfalls zu früh, Ausdrücken und Auspinseln mit Karbolsäurewasser (1:200); innerlich in beiden Fällen eine Gabe von Salizylsäurewasser (1:500). — Rheumatische Leiden, die in schmerzhafter Lähmung ohne Gelenk-Anschwellungen eintreten und die durch Erkältung, besonders Zugluft entstehen, habe ich in der Regel durch Einreiben mit warmem Öl und Umwicklung des schmerzhaften Glieds mit einem erwärmten Wollentuch geheilt; selbstverständlich muß der Kranke in einem warmen Raum gehalten werden.

Wunden heilen bei Vögeln größtenteils von selber, nachdem man sie vermittelst eines Schwammes mit Wasser ausgewaschen und gekühlt hat. Im schlimmern Fall reinigt man sie mit Arnikawasser (1:25—50) und pinselt sie mit Karbolsäureöl (1:200 Provenzeröl) aus. Auch wenn man den Vogel ganz sich selber überläßt, so pflegt Heilung in kurzer Zeit einzutreten. Jede Wunde bei einem Vogel, wenn sie nicht sehr groß und klaffend ist, schließt sich nämlich in der Weise, daß an dem Blut zuerst die nächsten Federn und dann darüber allerlei andere leichte Stoffe anhaften, sobaß ein förmlicher

Verband von selber entsteht. Diese alltägliche Erscheinung hatte einen hervorragenden Gelehrten sogar zu der Annahme geführt, daß manche Vögel, wie z. B. die Schnepfen sich selbst vermittelst des Schnabels einen Verband anzulegen vermöchten.

Auch Knochenbrüche heilen bei Vögeln erstaunlich leicht. Der einfache Fußbruch über dem Knöchel bedarf nur der Ruhe, um vortrefflich wieder einzuheilen. Besser ist es natürlich, wenn man die beiden Knochenenden durch vorsichtiges Ziehen in die richtige Lage bringt, zwischen zwei glatte Hölzchen (nach Zürn auch Pappstreifen oder besser ganz dünne norwegische Verbandspäne) legt, diese mit einem festen, aber weichen Faden umbindet, darüber Gipsbrei oder dicken, noch mäßig warmen Tischlerleim gleichmäßig streicht, den Vogel bis zum Trocknen festhält und ihn dann in einen engen Käfig steckt. In etwa vier Wochen kann man den Verband nach Aufweichen mit Wasser vorsichtig abnehmen. Bis der Bruch geheilt ist, gibt man dem Vogel eine niedrig angebrachte, flache und breite Sitzstange, auf der er gut ruhen kann. Futter= und Trinkgefäß stellt man so auf, daß er beides leicht erreichen kann. Ist der Bruch am Flügel, so müssen natürlich die Federn vorher abgeschnitten, keinesfalls ausgezupft werden. Zürn rät, die Stelle mit einer wollnen Binde und darüber mit einer in Wasserglas=Auflösung getauchten Leinwandbinde zu umbinden und gepulverte Schlemmkreide aufzustreuen; dieser Verband soll den Vorzug haben, festzuhalten und sich dabei doch leicht abschneiden zu lassen.

Geschwüre. Das harte Geschwür sucht man durch warmen Breiumschlag mit etwas Fett zu erweichen; eine sehr entzündete (heiße und gerötete) Anschwellung kühlt man mit Bleiwasser und erweicht sie dann gleichfalls durch warmen, oft erneuerten Breiumschlag. Ein reifes Eitergeschwür kann durch einen Einschnitt gewöhnlich ohne Gefahr entleert werden und ist nach dem Ausdrücken mit Karbolsäureöl (1:200 Provenzeröl) zu verbinden oder bloß zu bepinseln. Balggeschwüre bilden sich insbesondere am Kopf, neben dem Schnabel oder in der Augengegend; ein solches ist weder hart noch weich, mit häutiger Masse gefüllt und vergrößert sich übermäßig oder geht tiefer und verursacht dem Vogel in jedem Fall Unbequemlichkeit und Schmerzen. Solange es klein ist und lose in der Haut sitzt, kann es wohl durch Ätzen mit Höllenstein oder besser noch durch Abbinden vermittelst eines dünnen, aber sehr festen Fadens fortgebracht werden. Meistens jedoch kommen Balggeschwüre aus innerer Verderbnis der Säfte her, und das örtliche Fortbringen des einzelnen kann nicht viel nützen, weil immer neue entstehen. Der Vogel ist dann nur durch strengste Entziehung aller naturwidrigen Futtermittel zu retten; die Zugabe von Salizylsäure=Wasser (0,1 : 300) jedesmal erwärmt zum Trinken etwa 2 bis 3 Wochen hindurch, leistet dabei gute Dienste. Auch hier ist stets für guten Stuhlgang zu sorgen.

Schnabel=Mißbildungen. Wächst der Oberschnabel soweit über den untern hinweg, daß er beim Aufnehmen von Nahrung hinderlich ist, so muß er nach mehrmaligem Einreiben mit erwärmtem Öl vermittelst eines scharfen Messers geschickt bis auf die naturgemäße Länge zurückgeschnitten werden; mit einer Kneifzange geht es zwar leichter, doch ist dies gefährlicher, indem der lebendige, bzl. fleischige Kern des Schnabels dabei leicht beschädigt werden kann. Jedenfalls hüte man sich, so abzubrechen oder einzureißen, daß Spalten im Horn entstehen, welche bis auf den Kern führen, dann schwer oder gar nicht heilen, sondern immer wieder einplatzen, dem Vogel vielen Schmerz verursachen und ihn am Fressen hindern, sodaß er wohl eingeht. Eine Spalte im Schnabelhorn wird täglich einmal vermittelst eines Pinsels gereinigt und mit warmem Ölgemisch ausgepinselt. — Ein verletzter, manchmal sogar ein bis dahin gesunder Schnabel beginnt wohl plötzlich zu wuchern, indem er an der Spitze unnatürlich wächst und zuweilen sich faserig spaltet. Ursache: mangelhafte oder unrichtige Ernährung des Horns und besonderer Reiz zugleich. Solch Schnabel wird mühelos mit der Schere zurückgeschnitten, und dennoch geht der Vogel oft daran zugrunde, weil das Schnabelhorn dann erst recht wächst und zugleich weich, entweder bröckelig oder biegsam und untauglich zum Zerknacken harter Körper wird. Naturgemäße Ernährung, insbesondere Zugabe von Kalk, auch Sand, Vermeidung von Weichfutter sind die einzigen Vorbeugungsmittel. Mit einem derartigen Leiden behaftete Vögel ernährt man mit einem Futter, dessen Aufnahme ihnen keine Schwierigkeiten macht. In den meisten Fällen wird es Weichfutter (Eifutter) sein müssen.

Fußkrankheiten. Am vernachlässigten Vogelfuß bilden sich unter der Schmutzkruste leicht Entzündung, Eiterung, kleine und größere Geschwüre, welche wohl zur Entzündung der Gelenke, zum Absterben einzelner Zehen, selbst zum Verlust des ganzen Fußes führen können. Wenn man beizeiten in warmem Wasser badet, den entzündeten Fuß mit Bleiwasser kühlt, die betreff. Stellen täglich mit verdünntem Glycerin (1:10) bepinselt und dann dick mit feinstem Stärkemehl bestäubt, so tritt baldige Heilung ein. In hartnäckigen Fällen bestreicht man mit Bleisalbe oder, wenn die Wunde nässend ist, mit Bleiweißsalbe, dann muß der Fuß aber in ein Lederbeutelchen gesteckt und dieses fest verbunden werden, weil die Salbe giftig für den Vogel ist. — Schlimmer sind Verhärtungen, aus denen entweder Geschwüre in den Gelenken (Knollen) oder Hühneraugen entstehen. Im erstern Fall behandelt man wie vorhin angegeben, in beiden entfernt man aber die Entstehungsursache, nämlich die zu dünnen, harten oder sonstwie unzweckmäßigen Sitzstangen. Das Hühnerauge muß durch Einreiben mit erwärmtem Provenzeröl erweicht und dann nach Waschen mit warmem Seifenwasser vermittelst eines Messerchens vorsichtig ausgeschält werden. — Wenn um das Handgelenk des Fußes eine zähe, scharfe Faser sich gewickelt und durch Einschneiden Entzündung und Eiterung verursacht hat, so muß dieselbe nach Erweichung und Waschen (wie vorhin angeordnet) vermittelst einer spitzen Scheere herausgeholt werden; der Fuß heilt nach Bestreichen mit Glycerinsalbe. — Infolge innerer Krankheiten bilden sich **gelbe geschwürige Knoten** an den Beinen, insbesondere zwischen den Zehen, die äußerlich wie andere Geschwüre behandelt werden, meistens aber erst mit der Krankheitsursache, bzl. Krankheit selber, sich heben lassen.

Gefiederkrankheiten werden teils durch winzige Schmarotzer, die sich in der Haut oder in den Federn einnisten, teils durch krankhafte Anlage von innen heraus, teils durch Ursachen, deren Kenntnis sich uns entzieht, verursacht. Die ersteren sind überaus mannigfaltig und bringen entweder Ausschlag-Erscheinungen (ähnlich wie die Krätze beim Menschen) oder Zerstörung der Federn hervor. Kennzeichen: Der Vogel kratzt sich viel mit dem Schnabel, rupft sich Federn aus, reißt sich wund; an einzelnen Stellen des Körpers werden die Federn mürbe. Abhilfe: sind es **Vogelläuse** oder **-milben**, so befolge man die S. 114 angegebenen Ratschläge. — **Federlinge** u. a., welche nur im Gefieder sich einnisten und dieses beschädigen, befehdet man durch Bepinseln der btr. Stellen mit Insektenpulvertinktur und nach dem Baden in Seifenwasser durch schwaches Einfetten mit Provenzeröl.

Die Mauser oder der Federwechsel. Für den Liebhaber und Züchter von Kanarien gibt es keine betrübtere Zeit, als die der alljährlichen Mauser. Die erste und zweite Hecke haben vielleicht nicht ganz befriedigt; die dritte Brut kann möglicherweise den Ausfall ersetzen, aber da zeigen sich schon die ersten Spuren, die ersten nachteiligen Folgen der eingetretenen Mauser. Die eifrigsten Brüterinnen verlassen ihre Nester; in anderen Nestern findet man klare Gelege, ein Beweis dafür, daß das mausernde Männchen sich mit dem Weibchen nicht mehr fruchtbringend paren konnte. Der Gesang der Hähne wird immer schwächer, zuletzt wohl gar heiser und die sonst so lebhaften, munteren Vögel sitzen mit gesträubtem

Gefieder da, und man befragt sich besorgt, wird dieser oder jener vorzügliche Sänger die Mauser gut überstehen? Auch die jungen Vögel gewähren nicht mehr das Vergnügen wie sonst. Zwar leiden sie bei dieser ersten Mauser weniger, indeß während sich ihr Gesang rasch vervollkommnete, so lange die alten Hähne sangen, bleiben sie nun zurück, und gegen das Ende der Mauser singt mancher junge Vogel fast weniger gut als vier Wochen früher. Je zarter der Kanarienvogel, desto größerer Sorgfalt bedarf er während der Mauser. Man bringe den Sänger dann in eine gut geheizte Stube, selbst wenn er der höheren Wärme bereits entwöhnt ist (s. auch S. 112). Ferner muß er jetzt kräftige und reichliche Fütterung, also auch Eifutter, sodann Kalk (Sepia S. 112), und bei äußerster Reinlichkeit regelmäßige Pflege haben. Zu vermeiden sind schädliche Einflüsse wie Zugluft, starke und schnelle Wärmeschwankungen, Naßkälte u. a., weiter jähes Erschrecken und Beängstigung, Anfassen mit der Hand muß möglichst vermieden werden. Auch die Weibchen sollte man in der Mauserzeit stets kräftiger ernähren. — Wenn an den Beinen die alte trockne und harte Haut sitzen bleibt, während die neue schon vorhanden ist, so bestreiche man die Beine mit Glycerin und löse nach 5—10 Minuten die alte Haut vorsichtig ab; dies muß geschehen, weil die letztere dem Vogel bei seinen Bewegungen durch Einschneiden in die noch zarte neue Haut und damit in das Fleisch Schmerzen, wohl gar Entzündung, verursacht. Bei Verabreichung von Nährsalz mausern die Vögel bedeutend besser und leichter. Das Nährsalz wird dem Eifutter beigemischt, in Milch aufgelöst und zwar auf ein Ei eine Menge Nährsalz in der Größe einer Erbse.

Anhang.

Mängel und Gefahren in der Zucht edler Kanarienvögel.*)

Bei der sich in höchst erfreulicher Weise entwickelnden Kanarienzucht, die sich jetzt keineswegs mehr auf den Harz, bez. St. Andreasberg allein beschränkt, sondern sich auch über viele andere Teile Deutschlands erstreckt, machen sich leider schwerwiegende Übelstände geltend. Sachkenner haben vielfach mit Nachdruck darauf hingewiesen, daß in den obwaltenden absonderlichen Verhältnissen bei der Zucht der kostbarsten Kanarien erstens deren verhältnismäßig geringe Fruchtbarkeit, zweitens ihre größere Sterblichkeit und drittens, wenn auch nicht Zurückgehen des Gesangs an sich, so doch immer empfindlicher werdende Verringerung der Anzahl wirklich guter Sänger begründet liege. Infolge der letzteren Tatsache steigen nach der einen Seite hin erklärlicherweise die am höchsten begabten und am besten ausgebildeten, vorzüglichen Vögel immer mehr im Preise, so daß „Primavögel" mit Summen zwischen 75—100 Mark und darüber bezahlt werden; nach der anderen Seite hin verlieren die geringen Vögel immer mehr an Wert, und da in allerletzter Zeit die Ausfuhr nach fremden Ländern, so namentlich nach England, Nordamerika, Rußland, auch dort

---

*) Die Verhältnisse haben sich jetzt bedeutend geändert; es werden die geringwertigen Vögel der Landrasse nur noch selten gezogen. Je feiner eine Rasse gezüchtet wird, umso weniger ertragreich ist die Zucht. Dieser Umstand hat zur Folge, daß auch jetzt noch immer ganz gute Preise selbst für Mittelvögel bezahlt werden.

den Markt mit derartigem kleinwertigen gefiederten Zeug völlig überschwemmt hat, so sind solche Vögel überhaupt kaum mehr loszuwerden und die kleinen Züchter sehen sich in allen ihren Hoffnungen betrogen und in beklagenswerter Weise bedrückt.

Reiche hebt als eine der Ursachen des in neuerer Zeit immer bemerkbarer werdenden Zurückgehens der Harzer Kanarien folgendes hervor: „Der so bewunderungswürdige melodische Gesang eines vorzüglichen Harzer Vogels weicht von dem eigentlichen Naturgesang bedeutend ab und konnte offenbar nur durch emsige Pflege zu solcher Veredelung und Höhe gebracht werden. Durchschnittlich nun erlangen kaum fünfzig Hundertteile von der jungen Zucht die Güte des Gesanges der Alten, einige wenige übertreffen diese wohl gar, aber die anderen fünfzig Hundertteile schlagen schon mehr oder weniger zurück und arten teilweise sogar in Stümper oder Schreier aus. Da nun fast immer Vögel von der letztjährigen Zucht zur Hecke genommen werden, so ist es die erste Aufgabe des Züchters, daß, bevor er seine Vögel im Herbst an den Händler verkauft, er sich schon die reinsten, besten Sänger für seine nächstjährige Zucht herausgesucht haben muß, und zwar durch Abhören der Vögel im einzelnen. Er muß dafür sorgen, daß er keinen fehlerhaften Sänger darunter bekomme, wenn nicht seine nächste Hecke an Vorzüglichkeit verlieren soll. Dieses Beginnen erfordert viele Ausdauer und wirkliche Kenntnisse, indem ja die Vögel in dieser Zeit stets noch in der Ausbildung ihres Gesangs begriffen sind. Früher, als man alle die Harzer Hecken erst zu Martini oder noch später abholte, waren die Züchter im Stande, die allerbesten Sänger für sich selber herauszusuchen und in dieser Weise ihren guten Stamm nicht allein von Jahr zu Jahr zu erhalten, sondern auch noch immer möglichst zu verbessern. Jetzt aber findet ein wahres Drängen unter den Händlern nach Harzer Vögel statt, und um uns den nötigen Bedarf zu sichern, müssen wir schon im Juli und August mit der Abnahme beginnen. Viele Züchter vermögen der Verlockung des bedeutenden Vorteils, der in dem frühen Verkauf ihrer Hecke liegt, nicht zu widerstehen, sie schlagen vielmehr ihre Vögel los, bevor es ihnen möglich war, eine gute Auswahl vorzunehmen; sie wählen nun nach Gutdünken und finden dann später in nur zu vielen Fällen und zwar leider zu spät, daß sie keineswegs die besten jungen Vögel getroffen haben. Die Folge davon ist, daß ihre Stämme von Jahr zu Jahr in Hinsicht des Gesangs zurückgehen. Das Halten eines guten Vorsängers nützt dabei nicht mehr viel, nur die fehlerfreien Heckvögel geben den Ausschlag." Andere Züchter stimmen diesen Ausführungen zu.

Maßnahmen zur Abhilfe sind schwierig zu finden. Die Zahl der tüchtigsten Züchter im Harz wird immer geringer (im übrigen Deutschland hat sie bedeutend zugenommen), weil die eigentliche Liebhaberei zurücktritt und der neuen eifrig nach Ertrag strebenden Züchtung Platz macht — so zu sagen die Kunst dem Erwerb. Zwar gibt es dort noch immer begeisterte Freunde des Harzer Vogels, welche mit Liebe und Leidenschaft und zugleich mit vollem, hohen Verständnis die Zucht betreiben, aber ihre Zahl ist nicht ausreichend.

Der mehr und mehr sich steigernde Aufschwung der Kanarienvogelzüchtung und die immer empfindlicher eintretenden Übelstände drängen unwiderstehlich zu irgendwelchen Maßnahmen — und in dieser Einsicht haben sich in der allerletzten Zeit zahlreiche neue Vereine gebildet, deren Mitglieder sich ausschließlich mit der Kanarienzüchtung bezw. Gesangsausbildung, beschäftigen. Namentlich strebt man auch dahin, eine erweiterte allgemeine Verständigung hinsichtlich klar festzustellender Normen oder besser gesagt Anhaltspunkte und Grundsätze für eine einheitliche, überall giltige Beurteilung des Kanariengesangs bei der Prämiierung zu gewinnen.

Unter Hinweis auf die Tatsache, daß die Kanarienvogelzucht in Deutschland zweifellos ein Gegenstand von nicht ge=

ringer nationaler Bedeutung sei, hatte ich es zuerst schon vor nahezu zehn Jahren und seitdem vielfach von neuem hervorgehoben, daß sie zweifellos dieselbe Berechtigung habe, mit Staatsmedaillen prämiiert zu werden, wie die Geflügelzucht. Nachdem diese Angelegenheit dann auch im Verein „Ornis"*) zu Berlin zur Sprache gebracht und gleicherweise dringend befürwortet worden, hatte sich der Verein „Canaria" in Berlin an das Ministerium für Landwirtschaft u. a. in Preußen mit einer Eingabe gewandt und der Minister Dr. Lucius hatte denn auch zuerst für die Ausstellung des genannten Vereins im Jahre 1882 und dann ebenso für andere Kanarienzüchtervereine Staatsmedaillen zur Prämiierung bewilligt. Die Vereine sollten es nun aber auch als ihre ernste Aufgabe ansehen, dahin zu streben, daß sie sich einer solchen Ehre würdig zeigen! Sie sollten alle kleinlichen Eifersüchteleien, Zank und Streit, beiseite setzen, dagegen einig zusammenstehen und einsichtsvoll das Ziel verfolgen: den Kanarienvogel nicht allein zu immer höherer Gesangsleistung sondern auch zu einem gesunden, lebensfähigen, fruchtbaren, ertragsreichen Kulturtier auszubilden. Mit größtem Nachdruck sei darauf hingewiesen, daß die Staatsmedaille auf dem Gebiet der Kanarienvogelzucht — wie es gleicherweise freilich überall sein sollte — **nur für das höchste persönliche Verdienst verliehen werden darf, daß sie also nur der tüchtige, kenntnisreiche Züchter, welcher seinen vorzüglichen Stamm zu immer höherer Ausbildung zu führen vermag,** empfangen darf, nicht aber Jemand, der gekaufte und wieder verkäufliche Vögel, und seien diese auch noch so vortrefflich, ausgestellt hat. (Seitdem ich dies geschrieben, ist die Bewilligung der Staatsmedaillen für Kanarienvögel vom Minister leider bereits wieder zurückgenommen.)

---

*) Hat sich im Jahre 1899 aufgelöst.

Die Gesangstouren des edlen Kanarienvogels in ihrem Wertverhältnis.

Der Leipziger Kanarienzüchter-Verein hatte im Sommer 1878 eine Aufforderung an alle übrigen Vereine und viele einzelne Liebhaber versandt, welche eine Aufstellung von einheitlichen Regeln für die Prämiierung herbeiführen sollte. Zur Lösung dieser Aufgabe machte der Verein den Vorschlag: „Die gesanglichen Vorzüge und die Fehler konkurrierender Vögel sollten durch summarische Gegenüberstellung von Plus- und Minusteilen festgestellt werden. Danach würde also jeder Vorzug, (Rolle, Pfeife u. a.) eines Vogels denselben um die beigesetzten Plusteile bewerten und jeder Fehler ihn um die beigesetzten Minusteile entwerten. Hätte demnach z. B. ein Vogel vier Vorzüge, die mit je 50, 30, 20 und 16, zusammen mit 116 Plustl. angesetzt sind und zwei Fehler, die wiederum mit 20 und 40 Minustl. angesetzt sind, so verbliebe jenem Vogel noch ein für den Preisrichter maßgebendes Guthaben von 56 Plustl." Dem Rundschreiben war eine Skala beigegeben, welche eine Aufzählung der verschiedenen Gesangstouren (einschließlich der Gluck- u. a. Pfeifen) unter Beifügung der für jede derselben zu berechnenden Plusteile und ebenso eine Aufstellung der verschiedenen Fehler im Gesange, nebst den für dieselben anzusetzenden Minusteilen brachte. Für die Beurteilung der harmonischen Verbindung der Sätze und für die Länge oder Kürze der Touren („Zug") sowie für das Ostineingehen („forcieren") in gute Touren oder umgekehrt, das Umgehen solcher, waren 5 bis 25 Tl. angenommen.

Es liegt auf der Hand, daß ein Beginnen, wie es der Leipziger Verein versucht hat, so überaus wichtig es auch erschien, doch auf außerordentliche Schwierigkeiten stoßen mußte, denn die Beurteilung des Gesangs ist ja mehr oder minder

Sache des Empfindens und Geschmacks, bei der die scharfe, kritische Beurteilung, wie die einer Taube oder eines Huhns nach festgestellten Punkten, sich wohl kaum ermöglichen läßt. Die Prämiierung nach dem Punktiersystem ist denn auch nur wenig zur praktischen Durchführung gekommen, trotzdem Sachverständige den Vorschlag des Leipziger Vereins ernsthaft geprüft und auch kritisiert haben. Der Hannoversche Verein zur Förderung und Veredlung der Kanarienvogelzucht hatte eine Aufzählung der guten Gesangstouren in ihrer Wertreihenfolge gegeben, aber erklärt, daß der Vogel ganz im Wert falle, wenn derselbe einen oder den anderen von den in der Skala aufgeführten Fehlern bringe. Brander hatte die genaue, sichere Unterscheidung der einzelnen Touren und deren gründliche Feststellung „einfach für eine Unmöglichkeit" gehalten und anschließend an diese Erklärung die Abweichungen seines Urteils von den Aufstellungen des Leipziger Vereins geschildert. Böcker hatte erklärt, er halte die Prämiierung nach dem Punktiersystem zwar für schwierig, unter Umständen sogar sehr schwierig, indessen immerhin noch für praktisch durchführbar und zwar auf Ausstellungen, die lediglich Kanarien haben oder doch solche in größerer Anzahl, bez. in besonderen Räumen beherbergen. Freilich sagt er, werde stets der besondere Geschmack des Preisrichters, bez. dessen besondere Auffassung einer Rolle und damit das Einreihen derselben in eine andere Rubrik sich geltend machen. Man könnte derartige Abweichungen dann dadurch auszugleichen suchen, daß man die durchschnittliche Wertermittelung aller tätig gewesenen Preisrichter als maßgebend bestimme; wenn also die überschießenden Plusteile bei dem einen Preisrichter sich auf 56, bei dem andern auf 60 und bei dem britten auf 64 berechnen, so würde der maßgebende Wert des Vogels 60 Plusteile betragen.

Auf den Ausstellungen wird jetzt fast ausschließlich mit Hilfe des Punktiersystems gerichtet. Besonderer Wert wird darauf gelegt, daß die Touren harmonisch in einander greifen.

Die Preisrichter bewerten jede einzelne Tour nach Punkten. Die Summe der Punkte ergibt das Gesamtresultat. Es werden erste, zweite und dritte Preise zuerkannt. Zu genauer Feststellung des Wertes innerhalb eines Preises sind die Preise wiederum in Punkte eingeteilt. So umfaßt der III. Preis 1—10, der II. Preis 11—20, der I. Preis 21—30 Punkte. Es kann also ein Vogel, dem ein II. Preis zuerkannt wird, als guter, mittlerer oder geringer II. Preisvogel charakterisiert werden. Auf den meisten Ausstellungen wird jetzt nach dem Einzeltourenbewertungssystem prämiiert, wozu vom „Verein deutscher Kanarienzüchter" folgende Skala aufgestellt ist.

In Punkten sind zu bewerten:

Hohlrolle bis 8, Knorre bis 5, Hohlklingel bis 5, Schockel bis 5, Klingel bis 2, Klingelrolle bis 2, tiefe Pfeifen bis 4, weiche Schwirre bis 1, Wasserrolle bis 3, Wasserglucke bis 3, kollernde Wasserrolle bis 3, Glucke bis 3, Koller bis 6, Vortrag und Reinheit bis 8.

Zu entwerten in Punkten:

Spitze Klingel bis 6, breite Schwirre bis 3, harter Aufzug bis 3, scharfe Pfeifen bis 3, Nasenpfeifen bis 3, breite Nasentouren bis 6, Locken bis 6, Schnatter bis 12, Zitt bis 15. Schapper sind von der Prämiierung ausgeschlossen. In den meisten Fällen arbeiten 3 Preisrichter, von denen einem Jeden bis 30 Punkte zur Verfügung stehen. Hat z. B. ein Vogel Hohlrolle mittlere Lage $= 4$, geht über in guter Hohlklingel $= 4$, bringt dann sehr gute Knorre $= 5$ und schließt mit einer mittleren Pfeife $= 2$, so erhält der Vogel also von jedem Preisrichter $4 + 4 + 5 + 2 = 15$ Punkte, dazu kommen noch für sehr guten Vortrag und Reinheit 8, so erhält er in Summa 23 Punkte, mithin von 3 Preisrichtern 69 Punkte, also I. Preis. Bringt dieser Vogel aber noch kleine Unebenheiten, die nicht ins Gewicht fallen, so kürzt man an der Reinheit einige Punkte.

Die Kanarienvogelzucht in St. Andreasberg a. Harz.

Nach den Berichten des Herrn Kontrolleur W. Böcker*).
(Geschrieben im Jahre 1882.)

Unter den Bergstädten des Harzes hat es bekanntlich keine in der Zucht der Harzer Kanarienvögel soweit gebracht, wie Andreasberg, und zwar ebensowohl hinsichtlich der Zahl der gezogenen Vögel wie der Gesangsleistung derselben. Schwerlich dürfte in einer anderen Stadt Europas die Kanarienzucht zu einer solchen Bedeutung gelangen, wie sie dieselbe für Andreasberg hat; sie bildet hier ebenso einen Ernährungszweig für die Bewohner wie der Gruben- und Hüttenbetrieb, die Viehzucht und Spitzenklöppelei. Wie lange die Vogelzucht hier betrieben wird, wer die Kanarienvögel hier zuerst eingeführt hat, wußte mir Niemand zu sagen. Die Stadt hat etwa 3800 Einwohner mit ungefähr 800 Familien, von denen sich 600 mit der Kanarienzucht beschäftigen. Für die Vogelzucht interessiert sich Jung und Alt, Mann und Frau, und namentlich haben die Frauen nicht bloß ein gutes Verständnis für dieselbe, sie tragen auch einen großen Teil der Last der Fütterung und Pflege der Vögel. Übrigens ist der Erlös für die gezüchteten Kanarien nicht der einzige, sondern für Heckbauer, Harzerbauerchen, Nist- und Transportkästchen, Gesangskasten und Rollerkäfige wird alljährlich noch eine erhebliche Summe gelöst.

Was den Betrieb der Hecken anbelangt, so fiel mir bei meiner letzten Reise, Mitte Mai 1881, wie bei den früheren, die große Wärme in den Stuben auf, und die ängstliche Sorge der Züchter, die Vögel vor Zugluft zu behüten. Dies, in Verbindung mit dem Umstand, daß die Hecke auf einen möglichst

---

*) Für „Die gefiederte Welt", Zeitschrift für Vogelliebhaber, begründet von Dr. Karl Ruß (Crentz'sche Verlagsbuchhandlung in Magdeburg), geschrieben.

kleinen Raum zusammengedrängt wird, verleiht der ganzen Einrichtung den Charakter einer Treibhausanlage. Zugeben muß man freilich, daß das rauhe Klima das Heizen bis spät in den Mai hinein, ja darüber hinaus nötig macht, und daß der Harzer Züchter, weil er selbst beschränkt wohnt, mit dem Raum für seine Hecke nicht verschwenderisch umgehen kann. Den Mangel an ausreichender Lüftung, welche doch für Mensch und Tier gleich notwendig ist, vermag ich nicht zu entschuldigen. In einigen Züchtereien war die Stubenluft denn auch so verdorben, daß ich es nicht darin auszuhalten vermochte. Kein Wunder, wenn dabei die Eier faul gebrütet wurden, die Weibchen keine Lust zum Füttern zeigten und die Männchen sehr wenig sangen. Allerdings war in den bedeutenden Züchtereien auch für erträgliche Stubenluft gesorgt, so bei W. Trute, Konrad Lange, Heinrich Seifert, Wilhelm und August Weiland, Heinrich, Wilhelm und Eduard Volkmann, Wilhelm Engelke und Anderen. Wie hoch sich die Wärme in den Züchtereien im allgemeinen steigert, wolle man daraus abnehmen, daß sich dieselbe bei W. Engelke nach vorhergegangener beinahe halbstündiger Lüftung noch auf 20 Grad R. belief.

Die Hecken waren meist in kleinen Hinterzimmern in Flugkäfigen für 1 und 3 Hähne eingerichtet; gelüftet wurde in solchen Fällen stets vom Wohnzimmer aus. Andere Züchter hatten die Heckkäfige auch in den Wohnstuben selbst untergebracht, wieder andere einen Teil der letzteren durch hölzerne oder Drahtgitter zur Hecke abgeteilt; einige wenige hatten auch eine Bodenstube zur fliegenden Hecke eingerichtet. Die Heckbauer für einen Hahn und drei oder vier Weibchen waren im allgemeinen von 95 cm Länge, 53 cm Höhe, 48 cm Tiefe; die Heckbauer, welche mit drei Hähnen und etwa 12 Weibchen besetzt waren, hatten durchweg den vierfachen kubischen Inhalt. Sie waren, soweit es der Raum gestattete, unmittelbar unter der Decke angebracht und im übrigen, wenigstens die größeren Flugbauer, in ihre einzelnen Wände zerlegbar. Die Nester standen durchweg in den hölzernen viereckigen Nistkästchen, wie sie sicher auch den meisten Züchtern außerhalb des Harzes bekannt sind.

In den von mir besuchten Züchtereien war die Hecke durchweg um Lichtmeß (Anfang Februar), in anderen 14 Tage später und ausnahmsweise Anfang und Mitte März, in einem Fall auch schon Ende Januar eröffnet, und zur Zucht waren nur vorjährige Vögel beiderlei Geschlechts verwendet worden. Zu Ende der Brutzeit werden diese einjährigen Weibchen dann zum Spottpreise von 25 Pfg. an Händler abgegeben. Überjährige Hähne sind in der Hecke ebenso selten wie überjährige Weibchen. Man ist der Ansicht, daß sich einjährige Vögel am besten zur Zucht eignen; trotzdem fehlt es nicht an Fällen, in denen auch unter den letzteren sich „Schiertramper" befanden. Auf je einen Hahn hatte man durchschnittlich vier Weibchen, in einigen Hecken etwas weniger, in anderen wieder die Hälfte mehr gerechnet. Eine geringere Zahl als drei Weibchen auf einen Hahn kam nicht vor, und diese mäßige Einsetzung wurzelt immer in der Ansicht, daß je mehr Weibchen den Hähnen beigegeben werden, desto mehr Weibchen die Nachzucht ergibt. Diese Ansicht trifft indes nicht immer als richtig zu.

In allen Züchtereien ohne Ausnahme wird Inzucht getrieben; man hält sie für ungefährlich und die hiesigen Züchter kennen ihre Bedeutung garnicht. Einen Nachteil könnte dieselbe darin ergeben, daß sie die Fruchtbarkeit der Weibchen auf die Dauer beeinträchtigt. Dies scheint indes nicht sonderlich von Belang zu sein, da hier immer nur einjährige Weibchen zur Hecke verwendet werden und sich während dieser kurzen Legezeit die geringere Fruchtbarkeit nicht wesentlich nachteilig äußern kann. Eine andere Frage ist die, ob die Inzucht nicht die Unfruchtbarkeit der Männchen zur Folge habe, was mir allerdings der Fall zu sein scheint; denn es bleibt immerhin eine auffallende Erscheinung, daß die Hähne nicht selten gleich im ersten Jahr als „Schiertramper" sich erweisen. Einen

Andreasberger Züchter von der Richtigkeit dieser Ansicht zu überzeugen, würde man nicht im Stande sein; er würde sich hier auf den im allgemeinen sehr befriedigenden Erfolg seiner Züchtung berufen. Für die Züchter außerhalb Andreasbergs hat diese Frage ihre sehr ernste Bedeutung; für sie treten alle nachteiligen Folgen der Inzucht ein, und dazu rechne ich in erster Linie die Lungenschwindsucht, die bekanntlich auf erblicher Anlage beruht und in den späteren Jahren, mitunter sehr frühzeitig — im 2. und 3. Lebensjahr — auftritt. Daß sich ihre nachteilige Wirkung in demselben Maße nicht in Andreasberg zeigt, liegt meines Erachtens in erster Linie daran, daß hier die Hähne sehr früh, durchweg noch im ersten Lebensjahr, in die zweite Hand übergehen; zum Teil vielleicht auch daran, daß der Andreasberger Züchter seine Vögel aufs peinlichste vor Erkältung schützt. Endlich macht sich auch möglicher-, ja wahrscheinlicherweise der Umstand bei den Vögeln geltend, daß Andreasberg eine hohe Lage hat und daher der Ausbruch der Lungenschwindsucht verlangsamt wird. Trotz aller günstigen Verhältnisse kommt die Heiserkeit, die wir als ein Zeichen der Lungenschwindsucht betrachten müssen, ausnahmsweise auch in Andreasberg vor; ich habe bei meinen Berichterstatter-Besuchen den einen und den andern Vogel angetroffen, welcher damit behaftet war, und wie viele Weibchen außerdem noch an Schwindsucht leiden, entzieht sich in der Regel der Wahrnehmung des Besuchers, weil das bekannte Schmatzen nur in den Abendstunden vernehmbar ist, bei Tage aber unter dem Gesang der Hähne spurlos verhallt, übrigens auch seltener vorkommt.

In der Fütterung der Vögel ist seit meiner ersten Reise nach Andreasberg eine wesentliche Veränderung eingetreten. Daß der Samen in einem feinen Siebe jetzt mit kaltem Wasser, statt wie früher mit heißem Wasser, übergossen wird, möchte ich noch für unwesentlich halten. Sehr empfehlenswert scheint mir die jetzige Art der Zubereitung des Eifutters zu sein. Es wird zunächst, eine einzige Ausnahme bei einem Händler abgerechnet, kein Weißbrot mehr eingequellt; dasselbe wird, nachdem es ein oder zwei Tage alt geworden, gerieben und unter das ebenfalls geriebene Ei ohne einen Zusatz von Mohn und ohne mit Wasser angefeuchtet zu werden, gemengt. Das Eifutter bildet dann eine feuchte, poröse Masse von etwas angenehm süßlichem Geschmack und wird von den Vögeln nicht allein gern genommen, sondern auch gut verdaut. Der süße Geschmack rührt von dem verwandten Weißbrot, dem „doppelten" und dem „kleinen Zwieback" her. Der doppelte „Zwieback" ist eigentlich kein Zwieback, sondern ein Einback, während die Schnitten des „kleinen Zwiebacks" allerdings nach dem Backen nachgeröstet sind. Es ist ein lockeres, gut, aber leicht ausgebackenes Brötchen, aus Weizenvorschußmehl, Milch und etwas Zucker bestehend, im Kaufwert von 5 Pf. Auf einen Zwieback rechnen die meisten Züchter zwei, andere wenige mit sehr gutem Erfolg für die Nachzucht drei Eier. Es wird nur immer soviel Futter zurecht gemacht, daß es auf vier Stunden reicht, bei einem größeren Vorrat würde es zu trocken werden. Auf einen „kleinen Zwieback" (dasselbe Gebäck wie der „doppelte") rechnet man nur ein Ei. — Das Eifutter wird in völlig ausreichender Menge von morgens 5 Uhr bis abends $1/2$7 Uhr verabreicht, in der Regel alle zwei Stunden. Abends wurden dann noch von einigen Züchtern die Nester mit Jungen nachgesehen und einem etwa nicht gefütterten Vogel einige Gaben verdünnten Eifutters gereicht. So kam es denn, daß die meisten Züchter nur äußerst wenige Verluste an jungen Vögeln gehabt hatten. Der Eiverbrauch in den Hecken war ein ganz bedeutender; ein Züchter, der anfangs Februar 5 Hähne eingeworfen und bis dahin etwa 60 Hähne gezogen hatte, verbrauchte wöchentlich $1^{1}/_{2}$ Schock = 90 Eier. Daß das Maizena-Biskuit vorteilhafter sei, als das Eifutter, wird kein Andreasberger Züchter anerkennen. — Vom Mohn hat man jetzt in Andreasberg die Ansicht, daß er die Vögel träge mache; er wird überhaupt so wenig gefüttert, daß auf 200 Zentner Sommersamen etwa ½ Zentner Mohn kommen. Früher, bei meiner ersten Reise, hatte mir ein namhafter Züchter versichert, der Mohn unter dem Eifutter gebe den jungen Vögeln erst das nötige Fett. Diese Behauptung mochte insofern zutreffend sein, als damals noch das Erweichen des „Zwiebacks" üblich war, das Eifutter dadurch eine größere, zum Abführen wirkende Feuchtigkeit erhielt und daher der stopfende Mohn am Platze war. — Der in den Hecken verwendete Sommersamen war durchweg von untadelhafter Beschaffenheit, namentlich von einem angenehmen, süßen Geschmack. Eine Gesellschaft von Züchtern hat eine Lieferung von 200 Zentnern zu dem sehr billigen Preise von 14 Mk. für den Zentner erworben. Kanariensamen wurde in der Hecke gar nicht, Hanfsamen in gequetschtem Zustande nur in einer der von mir besuchten Züchtereien in geringer Menge, aber mit sehr gutem Erfolge verfüttert.

Um die Milben aus den Hecken, namentlich den Nistkästchen zu vertreiben, waschen einige Züchter nach dem Ausfliegen der Jungen unter Verbrennung des verbrauchten Niststoffs die Nistkästchen mit heißem Wasser, Seife und Soda aus; andere stecken sie eine Zeit lang in Kalkmilch, wieder andere pinseln sie mit Schlemmkreide und Leimwasser aus; wenige reinigen sie einfach trocken mittelst Abkratzers. Es gab viel Nistkästchen, bei denen sich Milben in den Fugen allerdings nicht verbergen konnten; es waren nämlich keine Fugen vorhanden. Das öftere Auspinseln mit Schlemmkreide hatte jede Spur derselben verwischt.

Im Jahre 1881 war die größte Mehrzahl der Züchter mit den erzielten Ergebnissen sehr zufrieden. Eine hübsche Anzahl ausgefangener junger Vögel befand sich in besonderen Flugbauern unter den Heckkäfigen in demselben Zimmer; in einzelnen Fällen waren die jungen Hähne mit zwei aus der Hecke gefangenen besten Hähnen in die Wohnstube gebracht. Da meistenteils von der letzteren aus jene gelüftet und außerdem häufig tagsüber betreten werden muß, so war dabei nicht ausgeschlossen, daß die jungen Vögel die übrigen Heckhähne, sowie die piepsenden Nestjungen und die Weibchen auf den Eiern mit ihrem ewigen zi zi zi oder si sie sie hören konnten; kein Wunder also, wenn so mancher junge Vogel in den besten Züchtereien verdirbt und die Alten in oder nach der Mauser mit „umreißt".

Der Erfolg der Hecken in gesanglicher Hinsicht könnte ein weit sicherer, erheblicherer sein, wenn es den Züchtern Andreasbergs gelänge, ihre jungen Hähne gänzlich aus dem Bereich der Hörweite der Heckstuben zu entfernen und ihnen die nötige Anzahl der Vorschläger beizugeben; meist gebricht es eben an dem erforderlichen Raum, und überdies reichen so ein par Vorschläger nicht aus für die zahlreiche Nachzucht. Auf diesem Gebiet liegt denn auch das Übergewicht der außerhalb des Harzes wohnenden Züchter in ihren nicht beschränkten Wohnungsräumen.

In verschiedenen Züchtereien waren die jungen Vögel übrigens Mitte Mai schon soweit vorgeschritten, daß man einzelne Rollen deutlich unterscheiden konnte; nur wenige junge Hähne waren in besonderen Harzerbauerchen untergebracht. Es scheint das letztere zur früheren Reife des Gesangs nicht unwesentlich beizutragen. Einige wenige Züchter hatten zur besseren Ausbildung ihrer jungen in der Wohnstube befindlichen Hähne einen ihrer Heckhähne mit einigen Hennen ebenfalls in das Wohnzimmer gebracht und erwarteten nun von diesem besten Hahn die Ausbildung der Jungen. Das Ergebnis meiner Wahrnehmungen war, wie ich es vorausgesetzt hatte. Die Weibchen lagen auf den Eiern, lockten recht häufig zi zi zi; die jungen Vögelchen belästigten die Heckhähne in keiner Weise, diese aber taten fast den Schnabel nicht auf, so oft ich auch in den Züchtereien war, trotz aller Anreizungen bin ich nicht dazu gekommen, den Wert ihres Gesangs beurteilen zu können. Das ist auch keine vereinzelte Erscheinung; jeder

Züchter, dem einige Erfahrung zur Seite steht, weiß, daß er mit solch mißlichen Verhältnissen zu rechnen hat und daß, wenn einmal ein einzelner Heckhahn fleißig singt und die Henne auf den Eiern stumm ist, wie es doch für die Ausbildung der Jungen notwendig ist, dies beinahe zu den Ausnahmen gehört.

In den Züchtereien ersten Ranges sangen die Zuchthähne sowohl in den Käfigen wie auch in den fliegenden Hecken zwar feurig, wie das die Beschaffenheit des gereichten Futters bedingt, aber keineswegs zu laut und hitzig; dies liegt eben in der Stammeseigentümlichkeit. Solche Sänger, welche ein rundes, weiches Organ haben, können selbst in der Hecke nicht sonderlich aus der Art schlagen. Es gab auch freilich Vögel genug, welche härtere Strophen neben tiefen Klangfiguren brachten, und andere, welche vorzugsweise leichte Sachen und kurze Strophen vortrugen; diese Sänger sind aber sicherlich auch außerhalb der Hecke von keinem besonderen Wert gewesen.

Die Zuchthähne der besseren Hecken begannen ihr Lied in der Regel mit einer zarten Schwirrrolle, seltener mit einer Hohlpfeife oder mit einem feinen „ti ti ti"; sie reihten daran Klingelrollen, Hohlrollen, Knarren, Wasserrollen und Gluckrollen — da, wo diese vorkommen — in verschiedenen Formen und Tonanlagen, sodaß es oft schwierig war, für jede Rolle gleich einen passenden Namen zu finden. Die besten Vögel zogen die Rollen durchweg lang, häufig in Bogenform, sodaß eine Tour unmerklich in eine andere überging — es war Zug im Gesange. Die Vortragsweise (die Gangart) war fast in keiner einzigen Hecke dieselbe, wie ich sie bei meiner ersten Reise nach Andreasberg und in den folgenden Jahren angetroffen hatte. Bei gleicher Güte wie in den Vorjahren, hatte der Gesang ein ganz andres Charakterbild. Überhaupt ändern sich die Gesangstouren in den verschiedenen Stämmen mit jedem Jahr; es ist daher in Andreasberg gerade so gut, wie außerhalb dieses Orts kaum ein Züchter, vielleicht kein einziger, im

Stande, mehrere Jahre hintereinander Vögel mit demselben Liede zu ziehen und zu liefern. Die Ursache liegt auf der Hand; der Geschmack der Züchter, welche ihre Vögel jedes Jahr von neuem auf besondere Touren hin auswählen, sowie das wechselvolle Spiel der Fantasie, indem sich die heranwachsenden jungen Hähne ergehen, sind entscheidend.

In verschiedenen Züchtereien ersten und zweiten Rangs waren vor längerer oder kürzerer Zeit neue Zuchtvögel angeschafft zum Teil zu sehr hohen Preisen, 80 Mk. für 3 Hähne, zum Teil zu Preisen, die den Züchtern zwar auch sehr hoch erschienen, die uns Züchtern außerhalb des Harzes aber gewiß sehr niedrig vorkommen, 9 und 10 Mk. fürs Stück. In solchen Hecken waren nämlich die Vögel trotz aller Tüchtigkeit des Züchters „umgeschlagen" (im Gesang zurückgegangen), ein Mißgeschick, das demnach ebenso gut in Andreasberg wie anderwärts vorkommt.

Die Zahl der Züchtereien mit wirklich guten Vögeln, die einen Kenner befriedigen, war im Vergleich zu der Zahl der überhaupt vorhandenen Hecken recht gering. Es scheint mir fraglich, ob es in Andreasberg mehr als zwanzig solcher Hecken gibt, und in verschiedenen dieser Hecken wird der Liebhaber sogar noch eine Gackerschnatter, eine scharfe Schnatter oder eine grobe Wispel (nicht zu verwechseln mit der Lispelrolle) mit in den Kauf nehmen müssen. Die Gackerschnatter artet in der Nachzucht nicht selten zum förmlichen Schappen aus; der Züchter muß sehr viel Glück haben, wenn sich daraus eine jetzt auch sehr seltene Baßglucke entwickelt, wie ich das einmal an einigen Vögeln meiner eigenen Zucht vor Jahren erlebt habe. Seltener geworden waren auch die Kollervögel und fast ausnahmslos verschwunden war die Hohlschnatter, die ich früher vorzugsweise schön auf ö und ü von einem Engelke'schen Vogel gehört. Von Sängern mit eigentlichen Glucken (nicht Gluckrollen) habe ich heuer keinen einzigen gehört; man hielt dafür, daß die betr. Vögel sich zur Weiterzucht nicht gut geeignet hätten, weil die Nachzucht der Glucken häufig „platt", anstatt rund und voll gebracht hätte und so zu fehlerhaften Sängern ausgeartet wäre; überdies seien ihre Touren, was allerdings zugegeben werden muß, durchweg kurz, überhaupt von Hause aus in der Regel nicht fehlerfrei gewesen. Ebenso wie die eigentlichen Glucken scheinen mir die sog. Tupfeisen aussterben zu wollen; sie werden wie es den Anschein hat, allmählich verdrängt durch die sehr häufige Tupfeife. Ziemlich häufig war die Ruckpfeife; in ihrer eigentlich berechtigten schönsten Form woi woi oder, wie sie öfter klingt, wui wui, habe ich sie nicht gehört, wohl aber ihr Zerrbild wei wei (zweisilbig). In dieser Form halte ich sie für einen Fehler, unliebsamer als die gegenwärtig fast in allen Stämmen Andreasbergs vorkommende Spitzflöte i i i. Die Ruckpfeife ist auch in ihrer schöneren Form die geringste der reinen Flöten, eben wegen ihrer gebogenen Form; kein Unglück also, wenn sie mit der Zeit verschwinden sollte. Die Nasenflöte habe ich nicht gehört, und die heisere Flöte — tö tö tö — mit merklich heiserem Klang bei sonst reiner Stimme war nur in wenigen von mir besuchten Züchtereien vertreten.

Der vorgeschrittenen Jahreszeit ungeachtet, waren verschiedene der besseren Stämme noch nicht „behandelt", d. h. an einen Händler vergeben; gerade die hervorragendsten Züchter machten hierin einige Schwierigkeit. So waren einem Züchter mit allerdings sehr guten Heckhähnen von verschiedenen Seiten 10 Mark für den Kopf im Stamm geboten, ohne daß derselbe sich entschließen konnte, sein Jawort zu geben. Der Preis der behandelten Stämme betrug gleich dem der Vorjahre 6 Mark, bez. 9 Mark. Was darunter verkauft wurde — und es ging bis zu 3 Mark herunter — diente zur Ausfuhr nach England und besonders nach Amerika. Die Handelsverhältnisse hatten sich überhaupt gestaltet, wie es die mit der Fachliteratur der letzten 4 bis 5 Jahre vertrauten, urteilsfähigen Züchter erwarten durften. Neben dem Verkauf en gros — in ganzen

Stämmen — zu den der gesteigerten Nachfrage entsprechenden, daher immer noch annehmbaren Preisen hat sich in denselben Züchtereien ein mehr oder weniger bedeutender Handel en détail zu ganz außerordentlich hohen, nur durch die Aussicht auf eine ebenso günstige Preissteigerung bei den Ankäufern gerechtfertigten Preisen — von mindestens 30 bis zu 75 Mark — entwickelt. Die Züchter haben auf diese Weise eine Einnahme gehabt, wie sie ihnen vordem nicht zugeflossen war. Man könnte sich hierüber ja freuen, allein so ganz berechtigt scheint mir ein solcher Doppelhandel doch nicht zu sein, und die ehrenhaftesten Züchter machen von dem Verkauf en détail auch nur den beschränktesten Gebrauch. Der letztere schädigt das Interesse der Händler, wie der Liebhaber, die von ihnen beziehen müssen, überhaupt die gesangliche Ausbildung der Vögel, und ohne die Händler, die den Vertrieb im einzelnen besorgen, wäre Andreasberg nie zu den Erfolgen gelangt, die es sich in der Kanarienzucht, sowohl in Hinsicht auf Zahl wie Wert der Vögel errungen hat. Das Geschäft der reisenden Händler ist ohnehin in den letzten Jahren nicht mehr recht einträglich; es wird allzuviel versandt, und Reisekosten und Spesen in den Gasthäusern sind zu teuer geworden. Diejenigen Händler, die bloß versenden, also nicht reisen, stehen sich etwas besser: aber sie sind, mit wenigen Ausnahmen, genötigt, für ihre wirklich guten Vögel viel höhere Preise zu fordern als ehedem, weil sie dieser Vögel weniger haben, als früher. Der Züchter hat ihnen ja die besten Vögel zurückbehalten, Vögel, die ganz geeignet gewesen wären, die Nachzucht des Stammes weiter auszubilden und so die Zahl der guten Vögel beträchtlich zu vermehren. Bei solchen Verhältnissen ist es nicht zu verwundern, daß einerseits der Prozentsatz der alljährlich gezüchteten wirklichen guten Vögel ein sehr geringer ist und daß andererseits sich auch die Preise der mittelguten Vögel verhältnismäßig steigern, ferner, daß Züchter, von denen man es gedruckt lesen kann, daß sie zu mäßigen Preisen verkaufen, sich veranlaßt gesehen haben, ihre Preise bis zu 45, 60 und 80 Mark in die Höhe gehen zu lassen. Früher war das anders in Andreasberg: der Händler bekam die ganze Nachzucht bis auf diejenigen Köpfe die wegen mangelnder voller Gesundheit nicht verkäuflich waren. Hin und wieder behielten auch die Züchter einige Ersatzhähne zur Hebung ihrer Züchtung und somit zum Vorteil der Händler zurück; was damals als Kleinhandel auftrat, gehörte zu den Ausnahmen und schädigte die Güte der Nachzucht, sowie das Interesse der Händler nicht. Seitdem indessen die Namen der hervorragendsten Züchter Andreasbergs öffentlich bekannt gemacht worden, hat sich die Nachfrage recht häufig unmittelbar an die Züchter gewandt, und das nicht einmal zu ihrem Vorteil; sie hätte ihre Befriedigung zu billigeren Preisen bei den Händlern gefunden. Überdies haben sich dabei einzelne Züchter von ihren alten, langbewährten Händlern getrennt und den Verkauf auf eigene Hand versucht, mit dem es dann nach kurzer Zeit auch zu Ende war.

Von welcher Bedeutung der Handel mit Kanarien überhaupt ist, geht aus folgender Berechnung hervor. Nach dem Bestand der von mir besuchten Züchtereien mußte die Durchschnittszahl der eingesetzten Hähne i. J. 1881 für jede Züchterei etwa fünf betragen, die geringste Zahl der eingeworfenen Hähne ist, einige Ausnahmen abgerechnet, drei, die höchste, soviel ich wahrgenommen, fünfundzwanzig, und der größeren Hecken gibt es in Andreasberg nicht wenige. Rechnet man nun auf einen Hahn auch nur acht Köpfe männlicher Nachzucht, so würde dies bei 600 Familien $600 \times 5 \times 8 = 24000$ junge Hähne ausmachen. Ermäßigen wir diese Anzahl nun auch auf 20000 Stück und rechnen den Hahn zum mäßigen Durchschnittskaufpreise von 6 Mark 50 Pfg., so würde dies allein die Summe von 130000 Mark ausmachen. Hierzu kämen dann noch mindestens 4000 Mark für Transportkörbchen und Tragkörbe, die Spesen der Händler und auswärtigen Züchter, die sie bei ihren alljährlichen Besuchen in der Stadt zurücklassen, die Bezahlung der Ausstecker und endlich die nicht unbedeutenden Einnahmen verschiedener Züchter aus dem Einzelverkauf, die bei einzelnen Züchtern den Betrag der Einnahmen für den Verkauf an die Händler teils nahezu erreichen, teils übersteigen und bei denjenigen Züchtern, die nur im einzelnen abgeben, eine ungleich höhere Summe einbringen, als der Verkauf im ganzen Stamm. Diese Summen entziehen sich jeder Berechnung; im ganzen mag aber die Gesamtsumme den Betrag von 150000 Mark, in günstigen Jahren, wie das genannte, vielleicht den Betrag von 200000 Mark übersteigen.

(Nachwort des Bearbeiters.) Die Verhältnisse in Andreasberg haben sich in den letzten Jahren vollständig geändert, nachdem die größeren Züchtereien in Dresden, Berlin, Hannover usw. errichtet worden sind. In manchen dieser Züchtereien werden jährlich mindestens 4—500 Junghähne gezüchtet. Daß dabei von einem Idealismus noch die Rede sein kann, wird man nicht behaupten können, denn dieser Massenbetrieb stempelt die Kanarienzucht vollständig zur Erwerbsquelle. Andreasberg hat sich zu einem Luftkurort emporgeschwungen, wodurch den Einwohnern eine sehr lohnende Einnahmequelle erwächst. Sie vermieten die Zimmer, in denen sie früher die Vogelzucht betrieben, an Sommergäste, deren Zahl von Jahr zu Jahr zunimmt. Vor einigen Jahren war ich bei einer Ausstellung in Andreasberg Preisrichter; doch traf ich da Vögel an, die man auf anderen Ausstellungen nicht mehr findet. Die dortigen Züchter hätten sich mehr an auswärtigen Konkurrenzen beteiligen müssen, dann wäre ihnen klar geworden, was heute von einem guten Kanarienvogel verlangt wird.

Die Ausfuhr der Kanarienvögel, ihre Bedeutung für die Kanarienzucht und praktische Winke für die Züchter.

Von C. Reiche in Ahlfeld bei Hannover.

Obgleich der Handel mit den in Deutschland gezüchteten Kanarien nach dem Auslande schon seit vielen Jahren besteht, so hat das Geschäft doch erst an Bedeutung gewonnen, seitdem vor etwa 50 Jahren die Absatzquelle nach Amerika eröffnet wurde, namentlich aber seitdem die regelmäßigen Dampfschiffahrten zwischen Bremen, Hamburg und Newyork uns in den Stand setzten, unsere Versendungen schnell und pünktlich ausführen zu können. Früher waren St. Petersburg, London und die Hauptstädte Hollands die hauptsächlichsten ausländischen Absatzplätze für diese Vögel, indes war der Export niemals sehr bedeutend und derselbe hat auch in den letzten Jahren nicht erheblich zugenommen, teils weil die Ausfuhr nach Newyork schon frühzeitig allen Vorrat an sich rasste, teils aber auch, weil man es nicht verstanden hat, das Geschäft dorthin zu pflegen und durch rechtschaffne Bedienung die Liebhaberei zu erhalten und zu verbreiten, indem man statt dessen jene Märkte mit schlechter Ware versorgte, ja sogar mit Tausenden von Weibchen überschwemmte, welche trügerisch für Männchen ausgegeben wurden, wodurch dann schließlich Treu und Glauben untergraben worden und die Liebhaberei zurückgegangen ist.

Vom Juli 1882 bis April 1883 betrug die Ausfuhr von Kanarien-Männchen nach Newyork mindestens 120 000 Stück, von denen etwa die Hälfte durch mich an unsere 1849 von mir gegründete und von meinem Bruder geführte Firma Chs. Reiche and Brother in Newyork geschickt wurde. Von dort aus werden sämtliche Kunden der Vereinigten Staaten, vom Mississippi bis Kanada und von den Ostküsten bis San-Franzisko bedient, und kaum gibt es noch einen Ort von einiger Bedeutung, wo nicht der „German Canary" bekannt ist und geliebt wird. Die Versendungen in das Innere des Landes geschehen drüben, wo die Post mit der Päckereibeförderung sich nicht befaßt, durch die sehr bedeutenden Expreß=Kompagnien, welche, selbst auf die entferntesten Strecken, unter Garantie die Vögel in gutem Zustande abliefern. Nicht ohne die an= gestrengteste Mühe und Umsicht, nicht ohne kostspielige An= preisungen in Zeitungen und Broschüren, konnte solche aus= gedehnte Liebhaberei erweckt und solcher Absatz erzielt werden; trotzdem treten zuweilen Zeiten ein, in denen der Markt in Newyork so überschwemmt wird, daß die Preise gewaltig ge= drückt und die Vögel förmlich verschleudert werden; verkauft muß ja werden, weil sich diese ‚Ware' zum Lagern nicht eignet. Im Herbst 1882 konnte z. B. der Preis in Newyork kaum über 1 Dollar für das Stück erreicht werden, wobei natürlich nicht unbedeutend zugesetzt werden mußte, denn von der Ein= kaufsstelle bis zur Absatzquelle verteuern sich die Vögel durch die Frachten und Reisekosten, sowie durch Sterbeverluste um mindestens 1 Mark 50 Pf. auf das Stück. Wenn dann auch im Winter und Frühling die Preise sich erheblich bessern, so ist es doch kaum genügend, um den im Herbst erlittnen Schaden wieder auszugleichen, umsomehr, da wir gezwungen sind, unsern Winter= und Frühlingsbedarf schon im Herbst anzukaufen und auf Lager zu nehmen, weil jeder Züchter bis spätestens Dezember seinen Vorrat versilbern will, wodurch die Ware durch Pflege und Futterkosten und durch Verluste bis zum März oder April auf mindestens das Doppelte verteuert wird. Dazu kommt noch die Gefahr, daß unter dem einen oder andern Bestand eine Seuche ausbrechen kann, welche unrettbar alles fortrafft.

Zum Sammeln, d. h. Einkauf der Vögel, halte ich vier Sorter, deren jeder seinen Bezirk hat. Im Juli beginnt die Abnahme und sie dauert bis etwa zum Dezember, dann ist aller Vorrat bei den Züchtern vergriffen. Das Sorten der Männchen von den Weibchen ist namentlich im Herbst sehr schwierig, zum Singenhören ist keine Zeit, ein bestimmtes Abzeichen gibt es nicht und die bei uns geltenden Erkennungszeichen sind so gering, daß nur ein sehr scharfes Auge und langjährige Erfahrung dazu befähigt. Trotz großer Vorsicht kommen dennoch Fehlgriffe vor, welche erst beim Wiederverkauf, wo jeder Vogel selbstverständlich singen muß, aufgedeckt werden, doch beträgt dieser Verlust nicht mehr als etwa zwei vom Hundert. Meine Versendungen nach Newyork finden mit den ausgezeichneten Dampfschiffen des ‚Nordd. Lloyd' über Bremen statt. Zehn bis zwölf erprobte und an Seereisen gewöhnte Wärter besorgen die Überbringung. Vom Juli bis April geht in jeder Woche eine Sendung ab, je nach der Zahl von einem oder zwei Wärtern begleitet, und auf je einen Wärter kommen etwa 1000 Vögel. Jeder Vogel sitzt einzeln, jeder Käfig muß täglich mit frischem Futter und Wasser versehen und alle drei Tage gereinigt werden. Mit dem ersten wendenden Dampfer kehrt der Wärter zurück und überbringt mir die in den betreffenden Jahreszeiten an den Markt kommenden dortigen Vögel oder sonstiges Geflügel und Säugetiere, für die wir in ganz Europa Abnehmer finden. Nach Verlauf von etwa fünf Wochen treffen die Wärter hier wieder ein, und so macht Jeder jährlich etwa sieben bis acht Reisen nach Newyork, denn auch auf den Handel mit anderen wilden Tieren haben wir das Geschäft ausgedehnt, und von den aus Afrika, Australien und Indien hier in Europa ankommenden Raubtieren, Dickhäutern, Wiederkäuern und selbst Kriechtieren wandern viele in unsern Besitz nach Newyork, um dort an Menagerien u. dgl. verkauft zu werden.

Außer nach den Vereinigten Staaten Nordamerikas wurden i. J. 1882 ausgeführt: etwa 10500 Kanarien-Männchen nach Südamerika (Rio de Janeiro, Buenos-Ayres, Valparaiso und Lima), etwa 5600 Stück nach Australien, 3000 Stück nach Südafrika. Etwa 30000 Stück gingen ins europäische Ausland, Frankreich, Belgien, England, Rußland und Österreich, während etwa 12 000 Stück Abnehmer in Deutschland fanden.

Rechnet man nun hierzu, daß vor Ausführung der oben erwähnten Vögel der durchschnittliche Sterbeverlust von etwa 10 Stück vom Hundert schon stattgefunden hat, so ergibt sich, daß i. J. 1882 über 200 000 Kanarien-Männchen gezüchtet wurden, von denen etwa 85 vom Hundert ins Ausland gingen. Es ist also seit 40 Jahren, da die Ausfuhr etwa 10 000 Stück betrug, der Kanarienhandel und mit ihm die Zucht, wenn auch mit einigen Unterbrechungen, in beständigem Zunehmen begriffen gewesen, und es wird auch jetzt ein Stillstehen noch nicht zu befürchten sein, wenn nur die Züchter mit fortschreiten und gemachte Erfahrungen, wie ich solche im nachstehenden nach meinem in der „Gefiederten Welt" erschienenen Artikel **Winke für Kanarienzüchter** mitteile, beachten wollen.

Vom Harz aus hat sich die Kanarienzucht nach allen Richtungen hin ausgebreitet. Hannover, Hildesheim, Braunschweig, Wolfenbüttel, Magdeburg und Umgegenden, Halle a. S., Leipzig, Nordhausen, Thüringen, das Ober- und Unter-Eichsfeld, Frankfurt a. M. im Süden und Bremen und Umgegenden im Norden, liefern uns die Ware.

Wie die obige Berechnung ergibt, werden 85 vom Hundert der gezüchteten Vögel ausgeführt. Gerade in der Ausfuhr liegt demnach für Deutschland der volkswirtschaftliche Nutzen der jetzt so ausgedehnten Kanarienzucht. Sollen nun nicht infolge der Verluste, welche die Händler, wie S. 226 ausgeführt, zu erleiden haben, der Handel und mit ihm selbstverständlich auch die Züchtereien, zugrunde gehen, so muß danach gestrebt werden, das Geschäft in wirtschaftlich-praktische Bahnen zu lenken. Für diesen Zweck sind seitens der Züchter zwei Aufgaben besonders ins Auge zu fassen, nämlich **billig und gut liefern**.

Um nun möglichst billig liefern zu können, darf der Züchter in erster Linie nicht so große Massen von Weibchen, wie das namentlich in diesem Jahr der Fall war, umsonst aufziehen;

ich sage ‚umsonst', denn die paar Pfennige, die dafür gezahlt werden, spielen gar keine Rolle. Folgende Berechnung gibt darüber Aufklärung: Es sind in diesem Jahr ungefähr 150 000 Weibchen in den Handel gekommen; gezüchtet sind ebenso viele Weibchen als Männchen, allein manche alten erfahrenen Züchter befolgten schon längst meinen Rat und töteten die überflüssigen Weibchen im Nest. Obige 150 000 Weibchen haben dem Züchter durchschnittlich 20 Pf. fürs Stück gebracht (im November und Dezember wurden sie zu 10 bis 15 Pf. das Stück gehandelt). Da nun das Weibchen dem Züchter an Fütterung u. a. im Durchschnitt für den Kopf mindestens 1,25 Mark kostet, so hat er an jedem Weibchen reichlich 1 Mark zugesetzt. Also sind für obige 150 000 Weibchen ebensoviele Mark vergeudet worden. Würde dieser Vergeudung abgeholfen und die Summe auf die Männchen verteilt, so könnten diese im Durchschnitt um 75 Pf. fürs Stück billiger verkauft werden, ohne Nachteil für den Züchter, aber zur besonderen Hebung der Ausfuhr. Wohlverstanden: ich spreche hier immer nur von der großen Masse gewöhnlicher Mittelvögel, welche ungefähr neun Zehntel der ganzen Zucht ausmachen (die Verhältnisse sind jetzt andere H.). Die wenigen Züchter ganz feiner Vögel bekommen auch für die Weibchen einen so hohen Preis, daß sie schadlos bleiben. Besagtem Übelstand würde nun in folgender Weise abzuhelfen sein: Jeder Züchter muß sich üben in der Unterscheidung der Männchen und Weibchen, und zwar müssen die jüngeren und unerfahrenen Züchter sich Rat holen und belehren lassen von den älteren, erfahreneren. Das Geschlecht der jungen Vögel ist am leichtesten zu erkennen, wenn sie noch im Nest liegen, und zwar wenn sie ungefähr 9 Tage alt sind und die Federn am Kopf sich völlig entwickelt haben. Die Weibchen sind dann durchweg spitzköpfiger und namentlich am Kopf von entschieden blasserer Farbe, als die Männchen. Wenn nun der Züchter um diese Zeit aus jedem Nest, in welchem 3 bis 5 Junge liegen, mit Vorsicht den spitzköpfigsten und blassesten herausnimmt und tötet, so hat er unter 25 Fällen mindestens 24 mal ein Weibchen getötet und damit jedesmal 1 Mark gewonnen. Das ist der unmittelbare Vorteil. (Ein Verfahren, das ich nicht billigen kann. H.). Dazu kommt aber noch, daß die im Nest verbleibenden übrigen Jungen mehr Raum gewinnen (sehr häufig kommt es vor, daß in einem Nest, in welchem 4 oder 5 Junge liegen, der schwächste, welcher doch auch gerade ein Männchen sein kann, unterbrückt wird), besser und schneller gedeihen und heranwachsen, die Alten weniger Last mit der Pflege haben und der Züchter nachher weniger Raum für die abzutrennenden jungen Bruten braucht, und schließlich wird für eine geringe Anzahl Weibchen, die der Züchter dann noch übrig behält, ein doppelter, vielleicht dreifacher Preis gezahlt, so daß er schon dadurch für sein gebrachtes Opfer entschädigt wird. **Also die jungen sicheren Weibchen aus den Nestern zu entfernen und zu töten und ebenfalls die abständigen alten Brutweibchen sofort nach Beendigung der letzten Brut zu entfernen, wäre zum Zweck der Kostenersparnis die wichtigste Aufgabe.**

Mit **möglichst guter Ware** sind nicht nur gesunde, kräftige Vögel gemeint, sondern Vögel von besonders schönem Gesang; deshalb muß man hier viel mehr, als das bisher geschehen ist, im großen ganzen auf einen guten Mittelvogel halten. Der Züchter sollte sich alle par Jahr einen **guten Andreasberger Zuchtvogel** anschaffen und von diesem, getrennt von seiner eigenen Hecke, vielleicht in einem großen Flugbauer in der Wohnstube, sich die Zuchtvögel für das folgende Jahr heranziehen; oder es könnte ja in den jetzt bestehenden vielen Kanarienzüchter-Vereinen vereinsseitig dafür gesorgt werden, daß eine besondre Züchterei von guten Stammvögeln für die Mitglieder eingerichtet und die Jungen nach Bedürfnis verteilt werden. Davon muß ich entschieden abraten, daß, wie es so häufig geschieht, die Züchter sich für teures Geld einen guten Sänger kaufen und solchen dann im Frühling als sog.

Vorsänger zu ihren jungen Vögeln bringen, um diese anzulernen. Nur der Gesang, den der Hahn in der Hecke seinen Jungen an ihrem Neste vorsingt, verwächst bei diesen mit ihrem Gedächtnis- und Gesangsorgan und zwar am ausgeprägtesten die platten Töne wie tschi tschi tschi, tschin tschin, tschapp tschapp tschapp, wahrscheinlich, weil dieselben am leichtesten nachzuahmen sind. Bringen die Zuchthähne also solche unharmonischen Touren, so kann aus der Nachzucht selbst der vortreffliche Andreasberger Vorsänger nichts gutes mehr heranbilden. Also, rate ich, besondere Vorsänger durchaus fortzulassen, aber gute Sänger als Zuchthähne zu benutzen! Da bekanntlich der Kanarienvogel vom Januar bis Mai am fleißigsten und besten singt, so ist selbstverständlich dies auch die günstigte Zeit, die Jungen anzulernen und deshalb ist es sehr vorteilhaft, die Hecke in heizbaren Räumen anzulegen, damit die zu erzielenden drei Bruten schon in dieser Zeit vor sich gehen können und die Jungen Gelegenheit haben, den Gesang des Alten in voller Kraft zu hören und zu lernen. Die in dieser Zeit gezüchteten Jungen machen dann auch schon im Frühsommer die Mauser durch, werden frühzeitig im Gesang ausgebildet, so daß wir Händler sie bereits im Juli, August und September mit Erfolg in den Handel bringen können. Kann die Hecke in der Wohnstube oder in den sonst daran grenzenden Räumen, überhaupt da, wo viele Leute verkehren, angebracht werden, um so besser, denn dann gewöhnen sich die Jungen an die Gegenwart von Menschen, werden zahm und bringen ihren Gesang nachher dreist und freier, wohin man sie auch stellen mag. Hecken in kalten Räumen dagegen können natürlich erst im April beginnen und dauern bis etwa zum Juli. Daher dann der stümperhafte und oft zu Weihnachten noch nicht ganz ausgebildete Gesang solcher Nachzucht. Versäumen die Besitzer derartiger Hecken noch dazu, sich alle paar Jahre frische Vögel von besserm Stamm zu verschaffen, so wird die Nachzucht schließlich im Gesang so schlecht, daß man sich schämen muß, sie als deutsche Kanarien auszubieten. Kommt schließlich noch dazu, daß solche Hecken so angebracht sind, daß die Vögel niemals Menschen zu sehen bekommen, dann werden die Jungen so scheu und wild, daß, wenn wir Händler sie in Besitz bekommen und zum Zweck des Verkaufs in die kleinen Harzerbauer stecken, wir ihnen oft erst 4 bis 6 Wochen Zeit geben müssen, bevor sie sich soweit gewöhnt haben, ihr unvollkommenes Gezwitscher in Gegenwart von fremden Menschen hören zu lassen. Also zahme Vögel von möglichst melodischem Gesang zu züchten, ist die zweite wichtige Aufgabe.

Weiter möchte ich nun noch, was bislang ganz übersehen worden, auf Züchtung schöner Farbenvögel aufmerksam machen. Ich möchte solchen Züchtern, die nicht auf die Veredlung des Gesanges bedacht sind, dringend empfehlen, sich etwas Mühe zu geben, um wenigstens schön gezeichnete Vögel zu züchten, z. B. rein gelb mit dunklen Flügeln (Schwalben), desgleichen mit dunkler Platte (Schwalbenplättchen), desgleichen mit dunkler Kappe (Kappenschwalben), ganz reingelb mit dunkler Kappe (Kappenvögel), desgleichen mit scharf begrenzter dunkler Brust (Elstern) u. a. m.; man darf ja nur die Regeln der Durchzucht (s. S. 125) befolgen, und bei einiger Mühe und Ausdauer wird man viele und hübsche Zeichnungen erzielen. Sicherlich würde mit derartigen Versuchen, bez. Erfolgen, der Zucht und dem Handel ein neuer Vorschub geleistet.

Zum Schluß lasse ich nicht unerwähnt, daß es für uns Händler von großem Interesse ist, daß die Züchter ihre Vögel an reinen Sommerrübsamen, höchstens mit einem ganz geringen Zusatz von Kanariensamen, gewöhnen, und wir geben auch solchen Hecken beim Ankauf den Vorzug. Wir füttern alle auf gleiche Weise, nämlich mit reinem Sommerrübsamen und nur im Herbst mit einem kleinen Zusatz von Kanariensaat und Eifutter. Kommen nun Vögel, die mit den verschiedensten Sämereien, gekochten Kartoffeln, geweichter Semmel, vielem Grünkraut u. a. gefüttert worden, im Herbst in unsern Besitz, so scheint in den ersten 8—14 Tagen der Wechsel ohne Einfluß zu sein, dann aber treten Verstopfung, Darmentzündung, Unlust zum Fressen, überhaupt alle möglichen Verdauungsbeschwerden ein. Dies ist die sog. Bauernkrankheit, welche jede unserer Vogelherbergen heimsucht, dieselben wie eine Seuche durchzieht, in den ersten 10—12 Tagen immer stärker um sich greift und dann allmählich wieder verschwindet, aber nur selten, ohne uns Opfer von 10—20 Köpfen vom Hundert gekostet zu haben. Dieselbe Krankheitserscheinung finde ich alljährlich an den vielen Tausenden von Kanarienvögeln, die ich im Herbst ankaufe und für unseren Frühlingsbedarf hier in Verpflegung nehme.

Unser Kanarienvogel in China.

Von E. M. Köhler (Gefiederte Welt 1900).

Wer von meinen Lesern bis früher nicht Gelegenheit hatte oder sich dieselbe nehmen wollte, sich etwas eingehender mit den bezopften Söhnen des himmlischen Reiches in seiner Lektüre zu beschäftigen, wird hierzu durch die Ereignisse der jüngsten Zeit indirekt veranlaßt. Spaltenlange Berichte über „Chinesische Wirren" füllen unsere Tagespresse, und aus berufener, mehr noch aus unberufener Feder wird der Abonnent bei seinem Morgenkaffee oder beim Abendschoppen über Land und Leute in China aufgeklärt. Das Interesse ist vom südafrikanischen Schauplatz auf Ostasien übertragen worden, und statt, wie es einst die alten Römer und wir es vor nicht Jahresfrist taten, fragen wir die Zeitung nicht quid novi ex Africa, sondern quid novi ex Asia. In allen jenen Berichten wird aber den Lesern dargetan, daß Fremdenhaß, ein glühender Haß gegen alles nicht Chinesische, ein Hauptcharakterzug der Chinesen sei. Sei dem wie es wolle — es gehört nicht in die Spalten dieser Zeitschrift, mich darüber eines längeren zu verbreiten — ein Fremdling wenigstens macht in China eine Ausnahme, er

ist in China sowohl in den Küstengebieten als auch schon tief
landeinwärts freudig aufgenommen worden, sein fremdländisches
Herkommen scheint seine Beliebtheit in China nirgends beeinträchtigt zu haben, und dieser Fremdling, der so die Herzen
der Chinesen bezwang, daß sie ihren alten angestammten
Nationalhaß vergessen konnten, ist kein anderer als der —
Kanarienvogel.

Es muß den Reisenden, welcher nach langer, mehrwöchent-
licher Meeresfahrt in China glücklich ankommt, dem Lande,
wo er durch seinen Beruf veranlaßt, die nächsten Jahre ver-
leben will, seltsam berühren, sofern er Liebhaber und ein
offenes Auge für die gefiederte Welt seiner neuen zeitweiligen
Heimat hat, daß nicht eine neue, seltsame Vogelart ihm den
Willkommengruß mit ihrem Gesange darbringt, sondern ein
alter guter Bekannter aus der alten Heimat, eben unser
Kanarienvogel. Hongkong ist der erste Hafenplatz Chinas,
den fast jeder aus Europa kommende Dampfer anläuft.
Noch ist der Reisende in den Anblick der landschaftlichen
Schönheiten versunken, den die Einfahrt und Lage des Hafens
bietet, als er durch laute Stimmen und buntes Durcheinander
von menschlichen Lauten und Rufen aus seinem Sinnen auf-
geweckt ist. Kaum hat nämlich der Dampfer Halt gemacht,
und kaum ist das monotone Geräusch der Schiffsschraube verstummt, so ist auch schon das Schiff von einer Unmenge kleiner
Boote, sogenannter Sampans, umringt, und die Besitzer derselben sind es, die diesen Lärm mit ihren Rufen hervorbringen.
In allen möglichen Weisen preisen sie ihre Boote zum Über-
setzen ans Land an, andere erklimmen mit der Gewandtheit
von Affen den Bord und empfehlen sich nun den Fremden als
Wäscher, Barbiere, Friseur usw. Inmitten des Stimmen-
gewirres hört man nun gar oft auch den lustigen Gesang von
Vögeln hindurch, und schauen wir über Bord, um uns über
dessen Urheber zu vergewissern, so sehen wir, daß unter den
Sampanbesitzern neben anderen Geschäftsleuten und Krämern

auch einige fliegende Vogelhändler sich befinden. Aber nicht sind es prächtig gefärbte chinesische Vögel, die sie den Reisenden zu verkaufen gekommen sind, sondern meistens besteht ihr Vorrat nur in Kanarienvögeln. Blicken wir länger nach den Booten mit den gefiederten Insassen, so glaubt der Händler schon einen Interessenten in uns gefunden zu haben, er hebt ein Bauerchen (nicht viel größer als die kleinen Harzer Bauer, jedoch aus Bambus) in die Höhe und zeigt ihn uns mit den Worten: „Wautchu canalibiro, too muchee nice sing-song". Wollen Sie einen Kanarienvogel in schönem Gesang, heißen diese Worte aus dem Kauderwelsch des Pidgeon-English, der Umgangs= sprache Ostasiens, ins Deutsche übertragen. Schon ist der Händler an Bord gekommen und noch eindringlicher preist er uns den Vogel an, dabei versichert er uns, daß derselbe „velly cheap", sehr billig sei, verlangt aber anfangs fünf Dollars, um sich schließlich mit ein bis zwei Dollars zu begnügen, falls es zu einem Geschäftsabschluß kommt.

Und in der Tat ist je ein Dollar (früher gleich drei, jetzt etwa zwei Mark) ein sehr billiger Preis für ein Kanarien= vogelmännchen, die Vögel sind also billiger als man erwarten sollte. Aus dem billigen Preise kann man aber von vorn= herein darauf schließen, daß die Kanarienvögel in China ziem= lich häufig zu finden sein müssen. Diese Schlußfolgerung erregt unser Interesse an dem Vögelchen umsomehr und bewirkt, daß der Liebhaber auch späterhin dasselbe im Auge behält und durch Erkundigungen Näheres über die Verbreitung desselben in China zu erfahren sucht. Dabei stellt sich aber etwa folgendes heraus.

Als nach Beendigung des Opiumkrieges das Eiland Hongkong von China an England „verpachtet" wurde, mag sich unter den Ausländern, die sich in der neuen Kolonie niederließen, wohl auch ein großer Liebhaber von Kanarien= vögeln befunden haben, der auch in seiner neuen Heimat seine

Lieblinge nicht missen wollte. Das Zuchtmaterial war ja verhältnismäßig leicht zu beschaffen, denn auf Segelschiffen, die früher Hongkong in so großer Anzahl anliefen, findet man ja oft Vögel, speziell Kanarienvögel vom Kapitän oder dessen Frau gehalten. Auch ließ sich ja durch deren Vermittlung leicht Zuchtmaterial an Vögeln aus Europa besorgen. Die auf diese Weise nach Hongkong gekommenen Zuchtpaare haben sich rasch und gut akklimatisiert, wie ja diese Fähigkeit ein Hauptvorzug des Kanarienvogels ist und sind zur Brut geschritten, um hierdurch zu den Stammeltern der jetzt in China vorgefundenen Vögel zu werden. Vermutlich hat auch infolge davon eine erneute Einfuhr von europäischem Material stattgefunden. Es konnte nicht ausbleiben, daß schließlich ein Überschuß an Nachkommenschaft da war, der nicht mehr bei den in den Küstenhäfen lebenden Europäern untergebracht oder Abnahme finden konnte. Die verhältnismäßig wertlosen Weibchen sind dadurch an chinesische Diener der Ausländer verschenkt worden und einige gewitzte Chinesen legten sich teils aus Liebhaberei, teils aus Gewinnsucht auf die Zucht.

Der Kanarienvogel steht in dieser Hinsicht nicht allein da, ein Pendant dazu liefert die jetzt in Nordchina, namentlich in der Umgegend Tientsins geübte Zucht von Truthühnern. Aber hierbei ist der große Unterschied der, daß die Chinesen die Truthühner lediglich nur züchten, um sie an die Ausländer zu verkaufen, selbst aber das Fleisch derselben verschmähen. Das ho-chi oder Feuerhuhn, wie das Truthuhn in Nordchina heißt, verdankt seine Einführung in China dem Umstande, daß einige Engländer auch im fernen Osten den Christmas-Turkey nicht missen wollten, der als leckerer Weihnachtsbraten in England selbst nie beim Feiertagsmahle fehlen darf. Reichlicher Gewinn warf die Zucht für den kleinen chinesischen Bauer ab, der einst für einen schlachtreifen Hahn etwa 5 Dollar bekam, eine Summe, die er sonst wohl kaum mit einer Monatsarbeit verdienen konnte. Und wo sich ein Gewinn bietet, da befreundet sich auch der Chinese mit dem Fremden, ja er wird sogar deshalb zum Christen.

Freilich, anders liegen die Verhältnisse nun etwas bei der Zucht der Kanarienvögel. In erster Linie mag ja auch dem chinesischen Züchter der Verdienst, den er aus dem Verkauf der Nachkommenschaft an Ausländer hätte, bestimmend gewesen sein. Aber siehe da, auch unter seinen Landsleuten fanden sich zahlreiche Liebhaber für das schmucke und liebenswürdige Vögelchen, und bald hatte der Züchter auch gute Abnehmer unter den Chinesen selbst. Das schmucke Aussehen und die großen Vorzüge, die den Kanarienvogel als Käfigbewohner so geeignet und beliebt bei uns gemacht haben, haben sich auch die Herzen der Liebhaber unter den Chinesen erobert. Von Hongkong aus kamen die Vögel bald nach dem Festlande, namentlich nach Kanton, und wurden zunächst bei den kantonesischen Kaufleuten, die viel mit Ausländern in Berührung kamen, heimisch. Kantonesische Kaufleute, die in Diensten ausländischer Firmen standen, sind es auch hauptsächlich gewesen, die den Vogel nach den nördlicher gelegenen Häfen an der Küste brachten. Führte ihr Beruf sie selbst nach dort, so vergaßen sie neben ihren anderen Habseligkeiten auch nicht ihren gefiederten Liebling mitzunehmen. Aber gleichwohl hat der Vogel in Südchina eine größere Verbreitung gefunden als schließlich in den nördlicheren Provinzen. In Kanton selbst dürfte er kaum seltener anzutreffen sein als bei uns in Deutschland, was bei der großen Verbreitung der Vogelliebhaberei im allgemeinen unter den Chinesen uns nicht gerade Wunder nehmen darf.

Die Chinesen haben ihm nun den charakteristischen Namen huang-niao, „Gelber Vogel" gegeben. Viel öfter wird er aber nun noch pai-yen genannt, was wörtlich übersetzt „Weiße Schwalbe" heißen müßte, und nicht gerade sehr charakteristisch wäre, denn weder gleicht der Kanarienvogel einer Schwalbe, noch sieht er weiß aus. Dergleichen Unrichtigkeiten darf man dem Chinesen nicht allzu übel deuten. Seine Verlogenheit, die ein Hauptfehler in seinem Charakter ist, hat im Laufe der Jahrhunderte bei den Chinesen eine solche Unbestimmtheit und Verwirrung im Ausdruck und Wesen hervorgebracht, daß es ihnen guterdings nicht möglich ist, die Wahrheit zu sagen oder sich je bestimmt auszudrücken. In unserm Falle ist es noch entschuldbarer, da ja wohl auch eine „dichterische Freiheit" dazu beigetragen haben mag, dem gelben Kanarienvogel den schönen Namen einer „weißen Schwalbe" zu geben.

Ich möchte nicht geradezu annehmen, daß es der Gesang des Kanarienvogels hauptsächlich gewesen sei, der ihm so schnell und so viele Freunde unter den Chinesen erworben hat. Für den besseren Gesang unserer edleren Vögel hat der Chinese nur wenig Verständnis, für ihn ist die Hauptsache, daß der Vogel möglichst viel singt, und sollte es der tadelloseste Schapper sein. Vor allem ist es wohl das schmucke Aussehen des Sängers gewesen, das helle Gelb des Gefieders, das keinen Nebenbuhler unter den in China einheimischen Sängern hat. Hierzu kommt nun noch die Leichtigkeit, mit der sich der Vogel selbst im engsten Gebauer halten läßt und trotzdem fröhlich sein Liedchen singt. Der Chinese, welcher sich selbst in Bezug auf Wohnraum auf ein Minimum oft notgedrungen einschränkt, kann seinen gefiederten Lieblingen nicht übermäßig geräumige Bauer bieten. Wenige Arten Vögel aber nehmen hiermit auf die Dauer vorlieb, wenn obendrein die Atmosphäre in jenen Häusern dieselbe ist, wie in den Wohnungen einer chinesischen Großstadt. Von großem Einfluß ist aber schließlich auch die Leichtigkeit, mit der der Kanarienvogel selbst im engeren Gebauer zur Brut schreitet, gewesen. Der Umstand, der ihm bei uns so viele und seine besten Freunde gewonnen hat und aufs Neue gewinnt, hat auch in Ostasien seine Einwirkung nicht verfehlt. Während bei unseren Verhältnissen die Kanarienzucht kaum noch einen guten Nebenverdienst abwerfen dürfte, wenn sie nicht ganz rationell betrieben wird, und selbst da nicht allzu reichlich die vielen Mühen und Arbeiten lohnt, ist der Gewinn aus einer

Hecke, sagen wir rund für 10 Männchen gleich etwa 6 Dollars, die der Züchter vom Händler erhält, für einen armen Chinesen ein sehr hoher. Als Maßstab muß man hierbei annehmen, daß ein chinesischer Arbeiter kaum diese Summe und ein Handwerker nur wenig mehr in einem Monat bei großem Fleiße verdienen kann. Abnehmer der gezogenen Vögel sind nun zwar in erster Linie im Inlande Chinesen selbst. In Hongkong aber hat sich jetzt schon ein Detailerport nach dem Auslande, besonders nach England, herausgebildet. Eben jene Händler, die an Bord der angelaufenen Dampfer kommen, verkaufen ihre Kanarienvögel leicht an die Matrosen, Stewarde und Schiffsoffiziere englischer Dampfer, welche dieselben auf der Heimreise mitnehmen. Verschiedene Stewarde sagten mir, daß es für sie lohnender sei, Kanarienvögel von China mit nach England zu nehmen als andere Vögel. Einmal schließe die Zähigkeit des Vogels fast jeden direkten Verlust desselben durch Tod während der Reise aus, was bei anderen Vögeln nur zu oft vorkomme, sodann finden sie für einen Kanarienvogel in England einen schnelleren und besseren Absatz als für „Exoten". Auch waren diese Leute mit dem Verdienst zufrieden, den sie für ihre wenigen Mühen hatten. Der Steward des englischen Dampfers, welcher mich seiner Zeit von China nach Europa zurückbrachte, schätzte denselben im Durchschnitt auf 10 Mark pro Vogel. Die jährlich von China nach dem Auslande auf diese Weise abgehenden Kanarienvögel dürften sich schon auf einige Tausend Stück belaufen.

Monatskalender.

Vielseitig ist die Beschäftigung eines Kanarienzüchters in jeder Jahreszeit und so will ich denn zum Schlusse die Arbeiten aufführen, welche der gewissenhafte Züchter zu erledigen hat.

Januar: Während in der freien Natur der Winter mit ungeschwächter Kraft waltet, scheint in der Vogelstube ewiger Frühling zu herrschen. Wer sich nicht mit der Zucht von Kanarien befaßt, hat kaum eine Ahnung, wieviel Arbeit diese dem Züchter macht. Auf jede Kleinigkeit hat er zu achten, ob die Weibchen auch recht gesund sind, was zu einem guten Erfolge unbedingt notwendig ist. Jetzt ist es die höchste Zeit, wenn es an Weibchen mangelt, dieselben anzukaufen; es ist von Vorteil, abends den Vögeln einige Stunden die Lampe zu opfern, damit sie sich satt fressen können. Für bestes Baumaterial ist Sorge zu tragen, indem man weißes leinen Charpie selbst zupft, oder aus einer Handlung besorgt. Die Sänger des Sportzüchters haben auf verschiedenen Ausstellungen gezeigt, was sie leisten können, und geben hiermit Zeugnis von den Fähigkeiten ihres Herrn. Ist das Resultat auch anders ausgefallen, als der Züchter vermutet hatte, so muß er sich sagen, daß jede Prämiierung unseres Lieblings mehr oder weniger ein Lotteriespiel ist, denn es kommen dabei zu viele Momente in Betracht, die für das Resultat maßgebend sind.

Februar: Die Weibchen, welche namentlich im Winter gut gepflegt werden müssen, fangen nun schon an, zu locken, so daß der Züchter alle Heckbauer und Utensilien fein sauber zum Einzug der Gäste herrichten muß. Käfige wie auch Nester müssen gründlich gereinigt werden, alle Ritzen und Fugen werden mit Kalkmilch verschmiert, um dem Ungeziefer zum Unterschlupf keine Gelegenheit zu bieten. Weibchen wie Hähne werden auf ihren Gesundheitszustand untersucht. Brauchbar sind diejenigen Vögel, welche immer eine frische, gesunde Farbe am Bauche aufweisen. Weibchen können eher am Bauche eine gelbe Färbung haben, aber auf keinen Fall darf bei beiden der Bauch aufgetrieben und rosa glänzend sein. Die hochgehenden Wogen der Ausstellung sind meistens vorüber, der Züchter hat wohl auch den größten Teil seiner verfügbaren Vögel verkauft, doch halte er an dem

Grundsatze fest, das Beste stets für sich zurück zu behalten, denn nur aus gutem Material kann gute Nachzucht erzielt werden.

März: In heizbaren Räumen kann man jetzt mit der Hecke beginnen, denn der Frühling steht vor der Tür, was sich auch in der Heckstube bemerkbar macht. Die Temperatur muß in der Heckstube mindestens auf 14—16 Grad gehalten werden; der Züchter gebe ja recht acht auf das Verhalten der Vögel. Namentlich müssen Weibchen wie auch Hähne entfernt werden, die schlechte Lockrufe bringen, da solche für die Nachzucht sehr gefährlich werden können. Das Futter gebe man möglichst mehreremal am Tage frisch; eine geringe Menge Eifutter reiche man nur vormittags.

April: Nun können auch Züchter, denen keine heizbaren Räume zur Verfügung stehen, mit der Zucht beginnen. Überall in Wald und Flur hat der Frühling seinen Einzug gehalten, so auch in die Vogelstube, wo in den Nestern der zuerst eröffneten Hecken sich schon Junge zeigen.

Mai: Täglich müssen die Nester kontrolliert werden, denn es werden sich leider zuweilen auch Tote im Nest vorfinden, die sofort entfernt werden müssen. Aber auch auf die Weibchen gebe man hübsch acht, denn wir haben Rabenmütter, die durchaus nicht füttern wollen usw., auch solche, die den Jungen Schnabel, Füße und Flügel abfressen. Solche Weibchen sind sofort zu entfernen, während man suchen muß, die Jungen von nicht fütternden Weibchen in andere Nester zu verlegen. Wo flügge Junge schon vorhanden sind, trenne man dieselben nach dem Geschlecht und bringe die Junghähne in die Nähe eines guten Lehrmeisters. Die Hähne sind, namentlich um Augen und Kehle, viel gelber, der Kopf ist größer und breiter; die Weibchen sind viel heller, der Kopf derselben ist spitzer.

Juni: Die jungen Hähne fangen an fleißig zu studieren, man gebe aber Obacht, wie sie ihr Studium beginnen. Junge, die schon jetzt den Schnabel weit aufreißen, werden nie hervorragende Sänger werden; da ist es richtig, wenn dieselben entfernt werden. Wehe dem Züchter, der in der Nähe seiner Vogelstube Sperlinge oder Waldvögel hat. Die jungen Hähne nehmen mit Vorliebe die Lockrufe derselben in ihr Lied auf. Schon mancher Züchter hat durch diesen Umstand den Mut verloren, denn was die kleinen Burschen einmal erfaßt haben, das lassen sie auch so leicht nicht wieder.

Juli: Da jetzt vielfach Hähne wie Weibchen in die Mauser kommen, so ist es Zeit, die im Februar resp. März eröffneten Hecken aufzuheben, denn die Weibchen werden nachlässig im Füttern und die Hähne treten nicht mehr durch. Mausernde Vögel pflege man besonders gut mit vorzüglichem Rübsen und täglich etwas Eifutter. Auch auf das Vorhandensein von Milben achte der Züchter recht sehr, denn diese Blutsauger können Junge und Alte in ihrem Wohlbefinden stören. Gewöhnlich herrscht im Juli große Hitze, da sorge man stets für frisches Wasser, welches mindestens dreimal täglich zu erneuern ist.

August: Sämtliche Hecken werden aufgelöst, die Heckbauer sauber gereinigt und beiseite gestellt. Wohl dem Züchter, der jetzt über tüchtige Vorschläger zu verfügen hat, denn die meisten befinden sich in der Mauser und schweigen. Die Jungen, welche im Flugkäfig fleißig studieren, erhalten jetzt auch noch täglich Eifutter neben Rübsen. Auch bekämpfe man bei der warmen Witterung das Aufkommen von Milben die gerade in diesem Monat sich recht unliebsam bemerkbar machen. Junge Hähne, welche gemausert haben, werden in kleinere Einzelbauer gesteckt. In einem Regal werden sie so untergebracht, daß der Vorschläger in die unterste Reihe kommt, da der Schall nach oben geht. Von Gesangskasten bin ich für junge Vögel kein Freund; in dieselben bringe ich nur solche, denen Einzelhaft, infolge von fehlerhaftem Gesang, von Nutzen ist.

September: Vorteilhaft ist es, jetzt die Weibchen auszusuchen, welche man für die nächste Zuchtperiode verwenden will. Wer dagegen Weibchen eines anderen Stammes kaufen will, tue es jetzt bei einem reellen Züchter. Wohl dem Züchter, der einen guten Stamm Weibchen hat, dieselben sind die Grundlagen seiner ganzen Zucht. Den Hahn, welchen man etwa zur Zucht kauft, kann man auf seinen Gesang prüfen, doch bei den Weibchen müssen wir uns auf die Reellität des Züchters verlassen. Große Aufmerksamkeit schenke man den Junghähnen, die nun anfangen, richtige Touren zu bringen. Wenn man auch kleine Missetäter nicht sofort verwerfen soll, so müssen sie doch vorläufig aus der Gesellschaft entfernt werden, da die Jungen für schlechte Touren sehr empfänglich sind.

Oktober: Es stellen sich die Händler ein, doch gebe man vorläufig nur diejenigen Vögel ab, welche sich als unverbesserlich erweisen. Ein großer Teil der Junghähne war schon im vorigen Monat eingebauert, jetzt ist es für alle Zeit. Ich halte es für gut, die Junghähne solange wie möglich im Flugbauer zu belassen, denn nur aus einem gesunden Vogel kann gesunde und kräftige Nachzucht erwartet werden. Die Junghähne gewöhne man langsam an ein Singen bei Licht, welches man leicht dadurch erreichen kann, daß man dieselben von Mittag an verdunkelt, um sie dann des Abends frei singen zu lassen.

November: Ein großer Teil der Nachzucht wird an Händler verkauft, während der verbleibende Teil nur aus besonders ausgewählten Vögeln besteht. Vögel, welche man auf die Ausstellungen schicken will, müssen jetzt in Training genommen werden, denn was nützt der schönste und beste Sänger, wenn er vor dem Preisrichter nicht singt, oder alles abgebrochen vorträgt.

Dezember: Der Handel mit Kanarienvögeln besonders zur Weihnachtszeit ist ein sehr lebhafter, denn ein schöner Sänger überall ein gern gesehenes Geschenk. Die Weibchen überwintere man nicht zu kalt, 5—6 Grad Wärme genügen; man gebe ihnen neben gutem Rübsen jetzt auch eine Kleinigkeit Mischfutter, doch muß Rübsen die Hauptnahrung bilden. Je einfacher die Ernährung, desto bessere Resultate wird die Zucht ergeben. In diesem Monat finden die meisten Ausstellungen statt, auf denen unsere Vögel Zeugnis ablegen sollen, ob der Züchter sich in richtigen Bahnen bewegt, oder ob er seine Zuchtrichtung ändern soll. Die Prämiierungs-Kandidaten müssen sowohl bei Tage als auch beim Lampenlicht abgehört werden, da man nicht sicher ist, zu welcher Tageszeit dieselben dem Preisgericht vorgeführt werden. Bei der Prämiierung mögen die Aussteller vor allem dringend berücksichtigen, daß der Preisrichter nur das beurteilen kann, was ihm von den kleinen Sängern vorgetragen wird. Es wird da manche Enttäuschungen geben. Um diese zu vermeiden, sorget für flotte Vögel, welche die Arbeit des Preisrichters bedeutend erleichtern und die auch meistens gut abschneiden. Viel Arbeit und Mühe verursacht die Zucht von Kanarienvögeln, auf der anderen Seite aber auch großen Genuß. Wie herrlich ist es, dem Liebesleben in der Hecke zuzuschauen, mit welchem Entzücken betrachtet man das erste Ei und dann die kleinen Jungen in den Nestern, welche sich die Hälse nach Futter schier ausrecken. Welches Vergnügen gewährt das Studium der jungen Hähne und zuletzt der klingende Lohn. Manch andere Liebhabereien verursachen mehr oder weniger Unkosten, die Kanarienzucht ist ein Erwerbszweig von nicht zu unterschätzender Bedeutung geworden, und selbst bei der Züchtung aus Liebhaberei werden in den meisten Fällen die Unkosten durch den Ertrag gedeckt.

www.ingramcontent.com/pod-product-compliance
Lightning Source LLC
Chambersburg PA
CBHW030823230426
43667CB00008B/1344